Aviation Risk
and Safety Management Methods and Applications in Aviation Organizations

航空风险与安全管理
方法与应用

罗兰·穆勒（Roland Müller）
安德烈亚斯·威特默（Andreas Wittmer） 著
克里斯托弗·德拉克斯（Christopher Drax）
倪海云 孙佳 等译

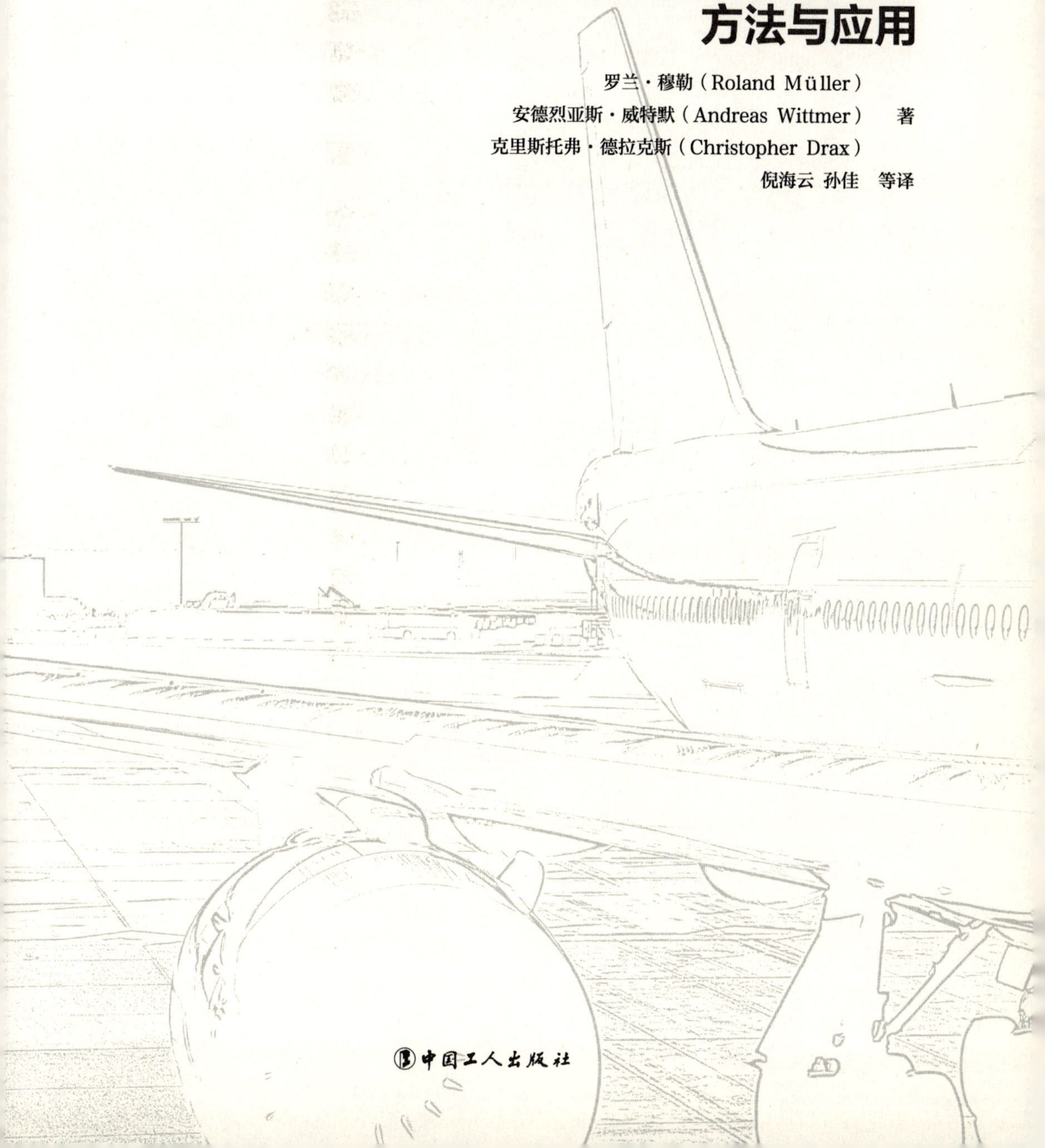

中国工人出版社

译者序

2017年即将过去，从匆匆的脚步中驻足回望，蓦然发现我们已经站在了一个重要的历史结点上，新时代已经来临。在这一年，党的十九大胜利召开，十九大报告明确提出“树立安全发展理念，弘扬生命至上、安全第一的思想”。安全生产，重如泰山，关乎社会大众权利福祉，关乎经济社会发展大局，更关乎人民生命财产安全。党和国家高度重视安全生产，把安全生产作为民生大事，纳入全面建成小康社会的重要内容。随着我国安全生产事业的不断发展，严守安全底线、严格依法监管、保障人民权益、生命安全至上已成为全社会的共识。

我国民航业按照“一二三三四”新时期民航总体工作思路，坚守飞行安全、廉政安全、真情服务三条底线，取得了骄人的发展成绩：坚守飞行安全底线，对安全隐患零容忍，巩固和发展了平稳的安全态势，中国民航安全水平世界领先，全行业上下一心，取得了历史最好成绩。但是正如民航局李健副局长所指出的三个前所未有：“航空运输总量、增量前所未有，航班航线密集程度前所未有，运行保障复杂难度前所未有。”我们丝毫不能掉以轻心，不能有半点松懈。

在这种情况下，我们引进了这本介绍瑞士民航业建设安全管理体系的书籍。本书提供了许多案例和实践经验，尤其是针对中小型企业建设安全管理体系过程的案例和经验。我们认为本书的附录参考资料是很值得大家借鉴的，比如，说明风险政策的文件、风险管理人员的工作描述、安全管理体系差异分析的调查表、应急主管的检查单、主风险列表、危险源报告程序、航空安全报告、安全总监评估表、瑞士自愿报告系统等内容，有些是可以直接拿来使用的。

本书的另一个特点是，主要针对小型规模的航空企业，它们没有大型运营人实施安全管理体系那样的复杂性，也没有实施安全管理体系的具体经验，它们可以通过本书获得分等级层次的实施办法，获得一种量体裁衣式的具体实施流程。

对于我国所有航空企业而言，安全管理体系的不断深化建设和推进需要航空企业重新思索未来的航空安全生产大计，以及未来的安全用力点和着力度的方向，即如何在社会发展的未来走向中觅得安全管理的真谛，如何通过自身持续建设安全管理体系对新时代的安全发展有所贡献、有所推动。我们可以想象，在未来几年，全球航空安全管理界都会把目光投入我国那些勇于创新、敢于承担当代安全的领航者，这是我们分享经验，并为全球航空安全添砖加瓦的重要契机。希望本书能够有所裨益。

本书由中国民航管理干部学院航空安全管理系孙佳教授组织学院多位老师共同翻译而成。其中，导言由倪海云翻译，第一、二章由颜虹翻译，第三、四章由刘玉梅翻译，第五、六章由严琴翻译，第七、八、九、十一、十二章由倪海云翻译，第十、十三章以及附录由钟文彬翻译。全书的图表由郝亚楠绘制，全书由孙佳、倪海云统稿校对。北京社科院赵勇对全文提出了很好的修改建议。由于本书涉及范围较广，尽管译者仔细求证、谨慎动笔，但难免疏漏，还望国内外专家批评指正。

译者

2017年11月

前言

对于航空业中的风险管理问题，目前很少有文献对其专门进行阐述。本书旨在展示一个多层面风险管理系统的理论背景及实施步骤，为那些没有大型运营人实施安全管理体系复杂操作的小型运营人提供分级操作的方法。这种方法描述了其在采用适应流程方面所具有的灵活性，并揭示了风险管理和安全管理之间的界限。针对具体运营人的规模及复杂性，本书描述了如何努力开展企业风险管理并提出了以下观点：考虑的关键因素是什么，以及如何有效地运行这样一个有着各种运行界限的系统。此外，本书从成本和效益的角度，对企业风险管理的建立和持续运行过程提供了一个有关所需时间投入的理念。具体而言，本书将安全管理系统、疲劳风险管理和空中交通控制风险作为风险管理的实际案例。

一项实证研究提出了企业风险管理在航空业中实施的水平。在进行理论和实践比较以及实证研究所得出的结论的基础上，本书提出了风险管理优化所需的不同的检查单和范例。比如，针对不同章节的内容，本书在附录中为其提供了说明风险政策的文件、风险管理人员的工作描述、安全管理体系差距分析的调查表、应急主管的检查单、主风险列表、危险源报告程序、航空安全报告、安全总监评估表、瑞士自愿报告等参考材料。此外，本书还提供了一个时间/成本表，用于企业风险管理的实施和持续建设。

本书涉及航空业的所有参与者，如航空公司、咨询顾问和培训者。它为所有参与者提供了建立和优化风险管理系统/程序的机会。在战略管理层面，本书清楚地说明了为什么风险管理必须作为一种文化建立在一家公司中，并要得到最高管理层的充分支持。

最后，我们要感谢在撰写本书过程中支持我们的每一个人，尤其要感谢 Ernst Kohler，Stefan Becker 和 Heinz Wipf，他们为我们提供了许多资料。此外，非常感谢 Nicole Denk，他帮助我们做了翻译工作，并在行政事务上给予了支持，感谢 David Roberts 进行了最后的编辑工作。我们非常感谢所有人的支持，帮助我们完成了本书的撰写，并填补了当前文献中的空白。

Sankt Gallen,Switzerland
Lorsch,Germany
January 2017

Roland Müller
Andreas Wittmer
Christopher Drax

CONTENTS

目　录

导言：管理摘要

Andreas Wittmer

航空业面临着各种各样的风险。因此，风险管理在该行业中的重要性是不言而喻的。与其他行业相比，航空业拥有关于风险管理更多的规章制度。例如，内部控制体系和安全管理体系通常是按照公司的活动、复杂性和规模来制定的。国际民航组织要求各航空组织机构采用安全管理体系的决定清楚地表示，要将关注焦点放在安全管理体系的概念上。这些给安全与风险管理的要求带来了一个巨大的问题，特别是对中小规模的航空企业，因为大多数企业不能很好地处理此问题以获取主动。不同的体系是相互联系的，而且应与企业文化相连接。实际上，航空企业如果想要按照规章制度运行并在市场中持续发展，就需要把风险管理作为企业的核心竞争力。

第一篇：引言。引言为读者提供了作者撰写航空风险与安全管理话题的背景和动机。引言使用所有相关定义解释了本书的目的与研究方法，为进一步理解这些话题建立了科学基础。此外，引言概述了本书的范围，定义了下面章节的范围。

第二篇：风险与安全管理的理论背景。第二篇提供了关于风险与安全管理的理论背景。它提出了发展风险管理和内部控制体系的必要性，并强调了实施的重要性和持续风险管理过程的重要性。由于企业的复杂程度和规模的不同，因此风险管理的成本与效益在这些企业中实施的差异非常大。虽然维护有效风险文化的成本对小企业持续发展的影响比对大企业的影响更大，但该篇的论述认为，实施风险管理对于小企业也是可能的。附录中的检查单和文件应该可以帮助小企业，特别是那些用有限成本实施风险管理的组织。

可操作化的风险管理是对企业治理及机构内部控制产生影响的安全管理的一个有机组成部分。

第三篇：风险与安全管理的现实意义。一项经验研究分析了航空业中风险与安全管理实施的层次，该项研究的调查分析表明，几乎一半的调查对象来自员工超过 500 人的组织机构，员工少于 50 人的小企业仅占 15%。但是，这仍然是一个有趣的研究部分，因为大部分规章是专门针对大型组织机构制定的，而小型组织机构越来越多地在艰难地应对制度化的管理体系。

风险管理强调运营人如何处理风险及其结果，例如事故。在航空运输系统的价值链中，是否每个单位在其安全活动中都必须进行风险管理，这可能是值得探讨的；然而，风险承担者在哪里是首先需要分析的。

有证据表明，航空器承运人承担最终的风险。尽管其他单位，如机场和航行服务提供商，是危险运行的一部分，但是他们对安全风险的影响很有限。他们也仅从安全风险中受到有限的影响。因此，对于航空器承运人来说，拥有一套基于风险管理的安全管理体系非常有必要。风险评估是风险管理的一部分，应该由最有影响力的单位来开展此项工作，同时仍然需要与支持飞行运行的其他单位合作。评估运行风险的需求和必要性似乎最好由运营人来掌控，这是因为，运营人是在确定要使用航空器类型时唯一可以预先确定场景、评估复杂可能性和控制发生损坏与损失的单位，其他单位对可能性、损坏和损失的影响是不一样的。

疲劳风险管理的案例由风险评估研究来探讨。当开展整个企业范围内的安全文化和相关项目时，经理或主管应在高层管理者与员工之间形成一体化联结。企业文化是公司内部行为、习惯、共享历史和预期未来的总和。相应地，主管是很重要的，因为他们在每天的工作中，在各种领域中作为提升企业文化的角色典范而存在。他们能够清楚自己起到的关键作用并自愿执行，这一点是非常重要的。否则，他们就不能让人信服，而且更有可能损坏而不是促进健康的安全文化。主管也应将疲劳因素整合到其每天的任务讨论中，以便定期处理相关问题。他需要把一些调整及变化写入排班表，以防止急性或累积睡眠不足及其他促成疲劳的因素。为此，主管需要不断地从疲劳风险管理过程中得到新的信息，也需要参与到进一步开发整个企业范围内的应对疲劳项目中，从这些项目中累积日常经验。最后，两个航空器事故调查案例强调了持续的风险与安全管理在实践中的重要性。

第四篇：风险与安全管理的实施和优化。第四篇阐述了所建立的风险与安全管理的实施和优化，并增加了四个阶段，即“组织机构”“风险收集与评估”“风险减缓”和“持续改进与变更管理”。安全管理体系文献中的普遍问题是，大多数的实施结构与建议是为大型企业量身定做的。按照这些计划，一个企业需要经历几个月的时间才能识别出第一个风险。我们的理念是，立刻开始收集风险，以便了解企业面临的主要风险并尽快缓解这些风险。因此，我们将实施结构压缩成基本要点来快速进入风险收集库。安全管理体系实施过程被划分为四个不同阶段，以便拆分工作量并为实施安全管理体系提供一个便捷的结构。为创造一个积极的安全环境，一个企业需要用四年的时间来调整企业文化。每一个相应的安全管理体系主题都将在本篇中进行讨论，并会给出简要的说明，包括要求的可交付成果。因此，文中提供了各项工具作为实施的实例和指导。

附录。不同章节中的附录列出了企业实施和优化其风险与安全管理可以直接使用的检查单和文件。列出的文件如下：

- 风险经理职责描述范例
- 风险类型
- 事故定义
- 航空器重量与总死亡人数的联合概率分布
- 决策层与影响
- 航空器的动能与化学势能
- 安全管理体系差异分析
- 安全政策范例
- 主风险列表范例
- 航空安全报告/危险源报告程序
- 飞行安全报告范例
- 安全总监评价表
- 瑞士自愿报告系统
- 应急响应计划检查单应急主管
- 单个风险评估范例
- 风险管理政策
- 评估风险的步骤
- 术语表
- 保证回顾

第一篇

引　言

第 1 章　安全与风险管理的必要基础和限制

Roland Müller 和 Christopher Drax

1.1　背景

要提高现有航空安全水平，特别是考虑到行业的持续增长，就需要有额外的措施。其中一个措施是鼓励每个航空器运营人提出自己的安全管理体系。这样的安全管理体系对于企业生存来说与财务管理体系一样重要，应视为企业的核心价值和过程。安全管理体系的主要目的之一就是提高安全绩效，进而降低发生事故或破产的风险。

实施安全管理体系能促使企业生产流程的整体改进，有助于实现民用航空商业目标之一：提高安全绩效，实施最佳的业务实践，并在完全符合规章的要求下提升业绩。

在国际民航组织附件 6 第 1 部分的第 30 次修订中，国际民航组织对航空运营人实施可接受的安全管理体系提出了要求。此要求与 EC 8/2008 EU OPS 1 的 1.037 条款类似，该条款要求建立并维护事故预防与安全飞行项目，以便提高航空安全水平。

风险管理的另一个重要部分，即安保，在第 300/2008 号《欧洲议会规章》（EC）中和 2008 年 3 月 11 日委员会对民用航空安保领域中的一般规则给出了定义。为了在处理风险评估、采取安保措施和流程及在民用航空框架中引入新技术的过程中更加灵活，专门设计此规章来说明必须要做的事情的基本原则，以便保护民用航空免受无技术无程序的非法干扰行为的影响。[①]

---

① 欧盟（2008）。

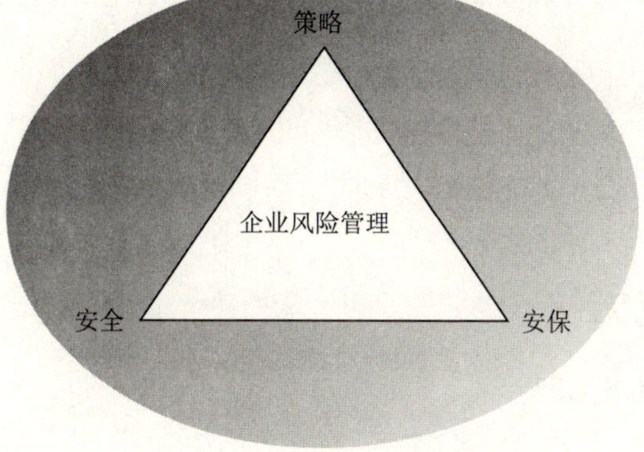

图 1.1 风险管理的组成要素

资料来源：作者自绘。

虽然很多企业和运营人已经使用了一种形式的风险 / 安全管理，但是从有效设计开始，这通常是一个漫长的过程。运营人经常局限于运行层面的风险，或者把风险管理仅视为预防管理。为了让风险管理有效，风险管理必须涵盖企业的所有领域，而且必须在所有的业务功能之间进行传播（图 1.1）。

很多航空企业有非常好的安全记录，但是有风险的行为特征或者不适当组织结构依然存在。幸运的是，他们还没有发生事故。尽管如此，好的安全记录不能保证未来安全——这是各航空利益相关方还没有清楚明白的事实。安全不是偶然发生的。

此外，小型航空器运营人缺乏在其商业过程中实施有效、完整的管理体系所需的资源与知识。

检查单范例及指导材料（本书中提供的）可以作为合适的安全管理体系实施适当方法的指南。

1.2 本书的意图

本书的意图在于论述安全与风险管理几个方面的内容。

首先，为了理解研究对象，必须解释必要的科学基础。关于这个问题，我们阐述了国际规章与组织要求跨学科方面的内容。

其次，以理论的方法阐述监管基础与要求，以便为实践方法建立基础。这应成为受安全管理体系要求影响的组织机构的行动指南，指导其如何以适当的规模与相应的方法来适应规章要求，以便在实践中实施安全管理体系。

再次，强调安全与风险管理是组织机构的重要部分，而且对日常业务至关重要。

最后，本书论述了各航空利益相关方如何实施安全管理。本书将范例与检查单作为安全管理体系的指南材料。

1.3 研究方法

作者的研究方法如下：

1. 对关于风险管理与安全管理体系现有文献进行评价
2. 分析已有研究与报告
3. 参考关于风险管理调查的结论
4. 借鉴基于过去实施项目与研讨会的经验
5. 基于实际问题的解决方案开发特定工具

在本书的写作过程中，由于作者们学科背景的不同，他们展开了激烈讨论。但很清楚的是，当不同的观点被采纳，并且这些观点被自觉地应用于航空情景中时，关于风险管理与安全管理体系的相关问题才可能在实践中被有效研究。

第一篇引言指出了哪些概念对深入理解安全管理体系与风险管理是至关重要的，以及如何解释这些概念。其各项定义提供了进一步阅读的基础。

第二篇阐述了风险与安全管理的理论背景。具体而言，本篇一方面将规章要求与基本法规的科学依据结合起来，另一方面为理解此主题建立了基础。同时，本篇整合了与此相关的法律、管理和航空方面的具体文献。

第三篇解释了风险与安全管理的实践影响。因此，我们实施了调查，对结果进行了评价，以说明当前的趋势。本篇最后列举了两起航空器的事故案例。

第四篇阐述了关于安全与风险管理方法理论模型具体的、实际的实施与优化问题，该理论模型之前阐述过。本篇通过具体的、实际的案例解释了四个不同阶段的最重要的实施步骤。

附录是用于实施的检查单和范例，它们应作为规划和实施安全管理体系的指导材料。此外，这些范例可以进行改进，并适应于每个组织的需要。

1.4　定义

下面对一些重要的概念进行解释，作为后续内容理解的基础。

1.4.1　危险源

可能导致人员伤害、设备或者结构损坏、财产损失，或使执行一项指定功能的能力降低的一种条件或者一个物体[①]。

如果分析一下国际民航组织安全管理手册中的一个案例，就会清楚应如何理解危险源了。

例如，风是由空气流动引起的一种自然现象。风就是一个危险源：15 节的风本身在航空运行期间不会必然产生潜在的破坏影响。实际上，跑道上的 15 节逆风在飞机离场的时候可以提高飞机的性能。但是，当 15 节风穿过用于起飞或着陆的跑道时，就变成侧风了。那么，仅当危险源与提供服务（按照时刻表或从特定机场运送旅客或货物）的系统运行（飞机起飞或着陆）相互作用的时候，其潜在的破坏影响才会成为安全问题（由于侧风的后果，飞行员可能失去对飞机的控制，导致横向冲出跑道）。

危险源不应被认为是“坏事”或有负面含义的事。危险源是运行环境的组成部分，其后果可以通过包含危险源损坏可能的各种缓解策略进行处理。危险源可以分成三个不同的子类别，可以在所有对航空器运行有直接影响并且会引起损坏可能的正在运行的、自然的和维修方面发现危险源。因此，识别这些危险源并使它们可控是非常重要的[②]。

危险源大致可分为三类：

自然危险源。其可以被描述为不可预见和不可控制的不寻常的自然事件，对安全的航空器运行产生负面影响或者可能产生威胁。自然危险源可分为：恶劣天气、受气候影响的事件、不利天气情况、地球物理学事件、地球物理条件、环境事件和公共卫生事件[③]。

---

① Stolzer，Halford 和 Goglia（2008），p.26。

② 国际民航组织（ICAO）（2013），pp.2-25。

③ 国际民航组织（ICAO）（2009），pp.4-3。

经济危险源。在一个组织中其可能发生在任何时间，不论当前是成长期或是正在遭受衰退。在成长期，运行背后缺乏安全；在衰退期，企业努力降低成本并避免浪费，特别是材料和设备的成本。因此，牺牲安全来节约成本可能被认为是可以接受的[①]。

技术危险源。一般来说，其永久存在于人与技术系统相互作用的运行环境中和所有的维护中。该危险源可能发生的一些案例，存在于运行环境中的航空器与航空器部件、系统、子系统和相应的设备中[②]。

1.4.2 安全风险

风险是由于计划目标的意外破坏导致未来不可预测所产生的破坏。因此，考虑风险也意味着远离预期值。

> 一个危险源后果的评估（用可预测的可能性和严重程度来表示）可以用可预见的最坏的结果[③]作为参考。

此陈述是国际民航组织对安全风险的官方定义，它考虑了识别的危险源，并且将它分为两类——“可能性”和“严重程度”。术语“安全风险”，按照其接受危险源的场景来说，指的就是此危险源的持续性。这不仅对识别危险源并进行减缓很重要，还“对评价后果的严重性很有必要，以便在提出减缓策略的时候确定资源分配的优先顺序”。[④]危险源仅仅是可能导致物理损坏或损失的条件或情况，但不要与相关的安全风险相混淆。例如，在跑道上的障碍物构成了危险源，此障碍物可能导致至少三个安全风险。第一个安全风险是飞机着陆或起飞时可能撞到此障碍物；第二个安全风险是飞行员知道哪里有障碍物，为了躲避障碍物，可能会采取比正常情况更陡的进近，着陆时可能会延长在跑道上的滑行距离，发生冲出跑道的事件；第三个安全风险是在第二个场景中飞行员意识到在跑道上滑行距离延长而执行复飞。为了了解危险源的后果，即可能向哪里发展，需要采取什么措施，所以必须对安全风险进行评估。通过将安全风

---

① 国际民航组织（ICAO）(2009), pp.4-4。

② 国际民航组织（ICAO）(2009), pp.4-4。

③ 国际民航组织（ICAO）(2009), p.5-ii。

④ 国际民航组织（ICAO）(2009), pp.5。

险分成两类[①]——可能性和严重度[②]，就可以实现评估。

1.4.3 风险管理

风险管理通常理解为涉及识别可能的风险和降低并监控风险所采取措施的整体过程，包括沟通交流、文件化、控制、预先告警机制和提升这样一个模块化的循环过程。

作为一个综合过程，风险管理的一般定义可以进一步具体化为：

> 风险管理意味着永久地、系统性地记录关于企业存在与发展的各种风险，包括对识别的风险进行分析和优先级别排序，以及确定并实施足够的策略或立刻解决问题的措施，以最小化不可容忍的风险。[③]

在此定义中，以下要素与风险管理联结到了一起：

- 风险管理不仅是一项特定的行动，还是一个在企业内实施这些行动的稳定过程。
- 为了不止识别出显而易见的风险，结构化的程序也是必需的，其目的在于调查并列出所有范围内的全部风险。
- 每个风险要单独判断，并采用相同的标准进行评价，以便对涉及潜在风险的程度与类别建立互联。
- 在其风险政策范围内，根据风险的后果，企业管理层必须决定哪些风险是必须接受的，哪些是必须避免的，哪些是必须管理的，以及需要采取的适当措施。
- 将达成共识的策略或减缓措施进行符合逻辑的转换，以管理或降低潜在的风险。
- 最后，如果新出现的风险和要求在企业的所有层级以一个标准化的形式进行沟通交流（所谓的风险报告），而且有一个合适的组织机构来确保正在进行的过程实现最优化（所谓的风险控制），那么，风险管理才可能成功。

---

① 根据国际民航组织安全管理手册（SMM）划分。

② 国际民航组织（ICAO）(2009), pp.5-2-8。

③ Wittmer, Bieger 和 Müllier (2011)。

1.4.4 运行风险管理

按照巴塞尔委员会的定义，运行风险是“由于不充分或失败的内部过程、人和系统，或者外部事件所导致损失的风险”。运行风险管理与一线管理层一起评估和监控这些风险，并准备风险减缓策略和行动。业务连续性计划是准备对运行风险的子集做出反应的一个响应，按照事件的范围和规模来定义：业务连续性管理的关注焦点，不是对核心业务目标的风险，而是对业务能力以外的、引起可能威胁企业生存的重要业务被破坏的外部风险。

1.4.5 风险偏好

“在广泛的层面上，风险偏好是组织机构在追求价值时愿意接受的风险的数量。组织机构追求各种目标来增加价值，而且应该广泛理解其这样做时愿意承担的风险。”[①] 每个组织机构达到其目标都要承担风险，但是不能明确给出组织机构必须承担的风险的级别和数量。最大的挑战是持续管理所承担的风险。[②]

1.4.6 风险减缓

风险减缓是指将风险降低到尽可能低的级别的过程。必须对风险进行识别和分类，以便于开发和应用正确的减缓措施。[③] 风险减缓的过程使航空运营人可以接受日常运行中的某些风险并且按照企业政策和程序进行分类。对于变更或新情况，确保按照其安全重要性对其进行评估并且按照其安全严重程度进行分类。风险减缓措施通常结合成本效益分析。此分析必须决定风险减缓是否有经济意义，或组织机构是否必须接受风险或必须取消此运行。

1.4.7 安全

安全这一术语有不同的意义，其取决于视角和环境。国际民航组织认为，安全是：

---

① Rittenberg 和 Martens（2012）。

② 风险管理学院（2011）。

③ 国际民航组织（ICAO）（2009）。

一种状态，即通过持续的危险源识别和风险管理过程，将人员伤害或财产损失的风险降至并保持在可接受的水平或其以下。[①]

通常，安全被认为是零事故征候的状态。熟悉了航空中的危险环境，就会清楚事故征候的风险一直存在。问题不是企业有多安全，而是企业想要多安全，并必须采取什么措施达到这个确定的目标。安全必须理解为组织机构生产流程中的高效评审和管理行为的结果，其目标是控制运行环境中的安全风险和危险源。

1.4.8 安全管理体系

安全管理体系可以被描述为将可操作化的、技术化的系统与财务和人力资源管理相互结合起来的一系列的流程或要素。这些流程体现在航空利益相关方的每一个活动中。如果关注的重点是目标设定，并且在整个运营人的组织机构中对职责有一个清晰的界定，那么就可以有条不紊地实现安全。安全管理体系的目的是让企业从被动反应式的安全文化发展到积极主动的安全文化，以便在风险发生前识别危险源和可能的事故征候。安全管理体系的目的在于测量绩效、分析流程和成为企业商业管理活动与企业文化不可或缺的一部分的同时，持续提升安全的整体水平。因此，安全管理体系的实施需要很多流程，这些流程可以控制安全风险，并引入安全可接受水平这样一个概念。

1.4.9 安全文化

组织机构的文化是由人们做什么和他们的决定来确定的。这揭示了组织机构的基本价值观。尽管财务压力非常显著的时候会存在商业周期和经济衰退，但积极的安全文化可以将企业引向最大可实现的安全水平。积极的安全文化可以分为四个组成部分：

- **知情文化**：管理体系的人在人力资源的所有功能领域拥有足够的知识，他们在与安全直接相关的环境和组织机构方面也是如此。他们理解日常运行中涉及的危险源和风险。
- **报告文化**：报告文化的基础是信任的氛围，这种氛围鼓励人们报告他们

① 国际民航组织（ICAO）（2009）。

的差错或未遂事故。那些报告提供了避免相同错误再次发生的重要信息。

- **公正文化**：基于报告文化和被视为的“无惩罚文化”，员工通过提供与安全相关的信息，就可以得到支持。此外，可接受的行为与不可接受的行为之间的界限以及不安全行为何时需要纪律处分都是非常清楚的。
- **学习文化**：企业必须寻求持续改进，必须从其安全管理体系共享“经验教训”来得出正确的结论。它愿意挑战其基本设想，而且当发现缺陷时应变得更流畅。

研究上述提到的特性，非常明显，建立安全文化不是一件简单的事——它是一个需要时间和承诺的发展过程，必须要被组织机构内的每个人理解才可以。因此，建立安全文化是安全管理体系最具挑战的要素之一。创造安全文化需要从组织机构的顶层开始，需要将建立报告文化（提到时通常也有术语“公正文化”的意思）的政策和程序整合起来。

安全文化的特征是结构，该结构允许组织机构的各个级别都可以识别与安全相关的信息，进而安全文化发展成为一个可以被授权纠正和处理这些问题的系统。

为了支持报告文化，组织机构必须培养其成员报告差错的意愿。组织机构必须承诺不惩罚差错，只要它们不是不计后果的。然后，这些报告就成为危险源识别的有价值的资源，更重要的是为高效的安全管理体系建立了基础。

1.5 局限性

有些与风险管理相关的主题很重要，但是仅在当前工作中讨论。下面对这些局限性进行简要概述。

1.5.1 质量管理

本书并没有描述质量管理与安全管理之间的区别。我们更多的是强调，质量管理体系与安全管理体系都必须被计划和管理，因为质量和安全都不是偶然发生的。质量体系不为风险评估调查事件或意外事故，仅按照差异审计流程的输出情况，做出调整。安全管理体系调查事件，从所有相关的资源中寻找影响因素。二者都取决于测量和监控，它们在寻求持续改进的过程中，一起指引每一个功能、过程和员工。

1.5.2 应急响应计划

在风险与安全管理的背景下，我们并没有特别关注应急响应计划和危机管理的开发与实施的具体细节。为了防止危机情景，我们的目的是更多地关注主动的、预防性的措施。

1.5.3 企业风险管理

本书并没有关注企业风险管理或业主（租赁方）风险，仅部分描述了企业治理，我们的关注点在管理层。

1.5.4 航空器开发与测试活动

本书中不包括航空航天产品的全部开发活动（包括特定校验、监测、测量与测试活动）和产品验收标准。此外，本书也不关注失效模式与影响分析FMEA或任何其他设计与开发相关的过程。

1.5.5 风险的保险精算

保险是避险并将风险传递的一个重要工具。拥有完备风险管理的企业更容易获得资本；此外，它们还可以与保险公司协商有利的交易或更便宜的保险费。这确实是一项重要的发展，因为现在风险管理有直接的财务意义了，这动摇了很多怀疑论者的信念，他们认为风险管理只是成本中心和官僚主义运动。[①]此外，风险管理在保险行业具有很高的优先级别，是对投保企业的基础服务。从商业的角度来看，保险的主要应用是保护财产、设施和设备，连同流动资本的物料，以及由于运行能力损失导致的间接损失。另外，责任保险涵盖第三方损坏、人身伤害索赔、财产损失和经济损失，是保险公司提供的进一步的服务。[②]尽管保险很重要，但是对于如何计算保险风险的深入分析与本书的主题并不直接相关。

---

① Kalia 和 Müller（2006）。

② Burkhalter（2011）.

参考书目

1.Burkhalter，R.（2011，January）. *Risk management in dev Lebensmittelindustrie. Projektarbeit*. Switzerland: Universität St. Gallen.

2.European Union.（2008，April 9）. REGULATION（EC）No 300/2008 of the European Parliament and of the Council of 11 March 2008 on common rules in the field of civil aviation security and repealing Regulation（EC）No 2320/2002.

3.International Civil Aviation Organisation（ICAO）.（2009）. *ICAO Doc 9859，Safety Mamgement Manual*（*SMM*）. Montreal，QC，Canada: International Civil Aviation Organisation（ICAO）.

4.International Civil Aviation Organization（ICAO）.（2013）. *ICAO Doc 9859，Safety Management Manual*（*SMM*）（3rd ed.）. Montreal，QC，Canada: International Civil Aviation Organization（ICAO）.

5.Kalia，V.，& Muller，R.（2006），*Risk management at board level.* St. Gallen: Haupt.

6.Rittenberg，D. L.，& Martens，F.（2012）. *Enterprise risk management-Understanding and communicating risk appetite.* Durham: The Committee of Sponsoring Organizations of the Treadway Commission（COSO）.

7.Stolzer，A. J.，Halford，C. D.，& Goglia，J. J.（2008）. *Safety mamgement systems in aviation.* Aldershot: Ashgate Publishing Ltd.

8.The Institute of Risk Management.（2011）. *Risk appetite & tolerance - Guidance paper.* London: The Institute of Risk Management.

9.Wittmer，A.，Bieger，T.，& Muller，R.（2011）. *Aviation systems.* Heidelberg: Springer.

第二篇

风险与安全管理的理论背景

第 2 章　风险管理的必要性与发展

Roland Müller 和 Christopher Drax

每家公司都面临着不同类型的风险。不幸的是，风险往往被发现得太晚，因此，既没有足够的时间，也没有足够的措施来防止由于风险潜在性的实现所带来的损害。为了防止这种情况，有远见的管理者设法找出潜在的风险，在可能的情况下，通过适当的战略和行动措施为公司把那些危险程度最高的风险降到最低。因此，无论是有意识还是无意识，每个组织管理层都要应用风险管理。事实上，风险管理是董事会不可剥夺、也不能废弃的职责。《瑞士债务法》第 716a 条第 1 款规定，组织的发展方向必须由董事会来确定。

这包括避免不必要的风险，并尽量减少不可避免的风险，以确保公司的存在和进一步发展的责任。有限责任公司法律 1.1.2008[①] 修订的一个结果是，财务报告的附件必须阐明风险评估实施的信息。

如果风险评估和风险减缓不是一个偶然和巧合的事件，那么必须定义组织结构、责任人和适用的过程。为了比较不同公司之间的风险管理效率，有必要将下述几点标准化[②]：

- 与所用词汇有关的术语
- 风险管理流程
- 风险管理的组织结构
- 风险管理的目标

① 663b OR 条款根据 No.12 增加进去。

② AIRMIC，ALARM 和 IRM（2002）。

在英国，这种风险管理标准是经过与各种专业协会，如风险管理学会[①]、保险和风险经理协会[②]及公共部门风险管理的国家论坛[③]的广泛磋商后创建的。

欧洲风险管理协会联合会正试图在实践中实施这一标准，以便组织机构和公司能够据此对自己进行衡量。如适用，将使用国际标准化组织的定义。

2.1　风险管理的重要性

风险被认为是战略管理的一个基本要素，目前在许多经验性的行业研究中都有讨论，并且在公司和业务部门的绩效方面表现突出。特别是在危机时期，风险管理的战略重要性变得十分明显。不确定性预测的大幅增加为那些比其他企业能更好地解释和管理风险的公司带来了竞争优势。由于公司通常只能够通过承担额外的风险来获得更高的回报，所以，风险管理对于一个组织机构来说，尤其是要决定哪些类型的风险是可接受的。[④]Ruefli 等认为，决策制定者、组织机构流程以及市场和行业因素都会以一种组织的方式对风险的判断和战略风险承担产生影响，而战略风险承担正是建立在它们之间相互作用以及公司内部各种联系的基础上的，对于这种战略风险承担，我们缺乏一种普遍认可的模式。[⑤]

战略风险管理指的是在战略中的任何地方识别、评估和管理风险的过程，其目标在于保护和创造股东和利益相关方的价值。战略风险管理是企业风险管理的基础和主要组成部分，受到董事会、管理层和其他部门的影响。为了了解在追求实现战略目标的过程中，外部和内部事件或各种情况是如何影响组织的，需要对风险进行战略性的考虑。此外，只有在组织把可容忍的风险水平或风险偏好规定为战略决策的指南时，战略风险管理才能发挥作用。最后，战略风险管理是一个持续的过程，需要将其纳入战略定义和战略管理中。[⑥]当前的金融和经济危机给受影响公司的财务管理和控制带来了巨大的压力。计划和预

---

① 风险管理学院，Lloyd's Avenue 6，London EC3N 3AX，www.theirm.org。

② 保险和风险经理人协会，Lloyd's Avenue 6，London EC3N3AX，www.airmic.com。

③ 公共领域风险管理国家论坛，Queens Drive，Exmouth，Devon EX8 2AY，www.alarm-uk.com。

④ Speckbacher，Asel 和 Posch（2010）。

⑤ Ruefli，Collins 和 Lacugna（1999）。

⑥ Frigo 和 Anderson（2011）。

算突然失去了基础，公司不得不去处理意想不到的和全新的情况。几十年来，尽管许多公司的绩效管理、价值创造和经济增长非常显著，但其工作重点却突然转向了风险管理、流动性保证和业务保全方面。现在，其重点放在了过去持续增加的沟通领域，特别是与想要处理的风险相关的领域，关注在整个公司内风险意识的建立、可接受的风险，以及何种风险是不可接受而必须避免的。关于这一点，风险和绩效之间的联系必须要让雇员知悉，以便获得对其具体相互依存关系的认识。在这方面，信任起着重要作用。①

除了 Ruefli 等人外，Frigo 和 Anderson 也指出，战略风险管理活动在许多公司中仍然处于相对不发达的水平，而且管理者不愿意在风险工作方面进行投资。尽管风险管理在许多公司已变得相当突出，但近年来财务上没有进行重大投资。研究进一步表明，投资于风险业务流程的公司不足一半；然而，在培训从事主要风险工作的员工方面投入资金的公司不足四分之一。持续的成本压力和预算削减限制了投资，但公司必须小心，不要危及风险管理系统 / 方法的有效性。②

当系统规模扩大并变得更紧密时，复杂性也会相应增加。此外，大型系统变得难以管理，更有可能发生无法挽回的失败。毫无疑问，面对当今各组织机构的复杂情况，以及未来更高的复杂程度，各机构在处理这种情况时将面临巨大的挑战。事故的概率很高，管理者必须能够以适当的方式来应对。③

鉴于在奥地利的公司中，风险管理主要被认为是最高的管理任务，83% 的奥地利首席财务官表示，他们负责风险管理。调查还进一步表明，对于是否需要主要通过监管 / 公司的外部机构 / 系统（例如法律或公司治理法）来处理风险这一问题，人们的意见还不十分一致。这可能表明，公司并不认为风险管理是一种监管责任，而认为是一个积极的价值创造过程。④

全球金融危机表明，加强风险管理和公司治理是组织机构面临的重大挑战。我们得到的经验教训是，必须明确地把公司战略和风险管理联系起来，并在一个高度不确定的环境中识别和管理风险。⑤

平均而言，公司对其风险管理相当满意。然而，所有行业的公司都认为风

---

① Speckbacher et al.（2010）.

② Frigo 和 Anderson（2011）。

③ Ford et al.（2003）.

④ Speckbacher et al.（2010）.

⑤ Frigo 和 Anderson（2011）。

险管理系统有很大的改进潜力，特别是在风险管理和战略规划之间的环节。①当然，风险管理对企业和管理者来说并不是一个新概念；但是，业务环境的复杂程度和速度的不断增加，使得采用一个结构化的方法来管理风险变得越来越有必要。尤其是对于那些在全企业范围内面临风险的组织机构来说，风险管理系统和流程已经发生了演变。风险意识正在不断提高，这一点已经反映出来了，因为风险意识现在已经是董事会和审计委员会的中心议题。然而，直到几年前，仍然没有可接受的标准来组织公司范围的风险管理活动。②

在航空业，风险可以分为两个不同的层次，即战略层次和流程层次。

战略层次和流程层次的风险由图 2.1 所述的子类别组成。

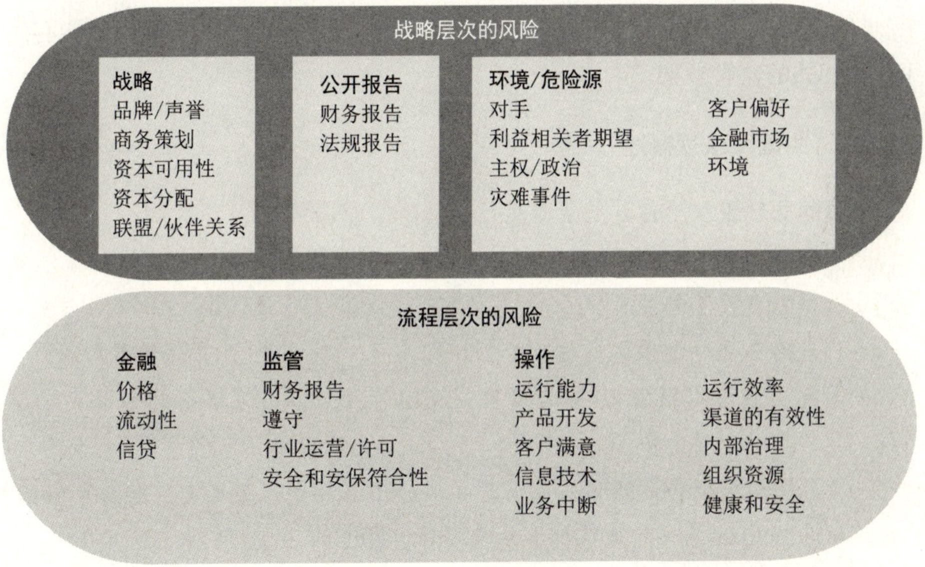

图 2.1　航空业的风险模型

资料来源：国际航空运输协会（2013）。

近期的讨论表明，各航空组织在执行层面和战略层面之间存在持续的冲突。在进行风险评估时，业务利益相关方感到越来越受财务的控制。为了解决这些内部矛盾，必须进行进一步的交流和协调。

---

① Speckbacher et al.（2010）.

② Frigo 和 Anderson（2011）。

2.2 风险管理法规

在瑞士，法律一直是更好地进行公司治理实践的主要推动力，也是风险管理的主要推动力。自 1936 年以来，法律只发生了很少的变化，主要是 1968 年和 1992 年进行了改革。1996 年实施的《证券交易所法》对公司治理实践产生了很大的影响。《债务法》引发了许多创新，如按照《萨班斯 - 奥克斯利法案》[①] 增加了透明度、审计和赔偿情况的披露。

2.2.1 航空法中的规章

《航空法》中有若干关于风险管理和安全管理的规定。以下概述可能有助于找到相关的监管框架。

2.2.1.1 国际法规概述

· 国际民航组织附件 6 航空器运行

——第 1 部分：国际商用航空运输，2012 年第九版（3.3 安全管理和 4.10 疲劳管理）

——第 2 部分：国际通用航空，2012 年第七版（3.3.2 安全管理体系）

· 国际民航组织附件 19 安全管理，2013 年第一版（现行各附件条款转移集中到一个附件中）

· 国际民航组织 Doc 9859 安全管理手册，2013 年第三版（支持推出附件 19）

· 第 300/2008 号《欧盟条例》航空安保，2008 年 3 月 11 日

——条款 4 共同的基本标准

——条款 6 成员国采用更严格的措施

· 第 8/2008 号《欧盟条例》成立欧洲航空安全局

——1.037 运营人必须建立风险意识计划

· 欧盟 -VO 185/2010（安全基本标准）

——1.3.1.5 风险评估后抽样检查

——1.5.2 基于风险评估

---

① 2002 年《萨班斯 - 奥克斯利法案》（通常简称为 SOX）是美国制定的针对安然和世通金融丑闻的立法，以保护股东和公众不受会计错误和欺诈行为的侵害。该法案由证券交易委员会（SEC）管理，其规定了遵守的期限，并公布了有关要求的规则。

——4.3.2 信息披露和风险评估

· EU-VO 1178/2011（EASA FCL& MED 欧洲航空安全局人员资质与航医）

——条款 4 飞行学员安全风险评估

——FCL.820 lit.（d）飞行测试

2.2.1.2　国家法规概述

· 103a LFV 安全管理体系

——122h LFV 使用基于风险的安全指南

——122k LFV 警察调查和风险分析

——122m LFV 航空公司参与风险分析

为了了解航空业风险管理的监管框架，我们必须阐述一些航空法的规定。

2.2.1.3　国际通行法规规定

通过附件 6 第一部分附录 8 中的疲劳管理标准和建议措施，国际民航组织规定了疲劳风险管理系统必须包括的内容。此外，相关的指导材料还提供了关于疲劳风险管理系统应如何发挥作用的进一步信息。

附件 6 第二部分规定了国际通用航空关于航空器运行的规范，并为国际通用航空运营商提供了标准和建议措施。

第 300/2008 号《欧盟条例》关于民用航空安保领域一般规则的条款 4 通过地方当局详细规定了当地的风险评估，并在条款 6 中制定了成员国在进行风险评估之后必须采用的更为严格的措施。

第 8/2008 号《欧洲委员会法规》，即所谓的《欧盟航空操作规范》，规定了适用于航空器商业运输的一般技术要求和行政程序。其第 1.037 条规定，运营人应当建立和维护事故预防和飞行安全方案，并与质量体系相结合。

第 185/2010 号《欧洲委员会法规》规定了执行航空安保通用标准的详细措施。其第 1.3.1.5 条款提出了更具体的规定，即除乘客和运载的物品以外的人员必须被持续地随机进行筛选检查，并且其第 1.5.2 条还规定，对该类人员进行监视和巡逻的频率和手段应以相应当局实施的风险评估为依据。该法规第 4.3.2 段规定，当飞机上载有具有潜在破坏性行为的乘客时，主管部门应以书面形式并事先告知航空公司关于其个人及其计划的风险评估情况。

第 1178/2011 号《欧洲委员会法规》（EASA FCL& MED 欧洲航空安全局人

员资质与航医）规定了有关民用航空机组人员的技术要求和行政程序。条款 4（c）规定，飞行学员的授权书将由教员根据成员国执行的安全风险评估概念，在进行个人安全风险评估的基础上发放。此外，飞行员执照 820（d）条详细规定了飞行测试等级要求。

2.2.1.4 国内法规规定

《瑞士航空条例》在条款 103a 中指出了实施安全管理体系的责任。此外，其条款 122h 规定，在部署安保人员时，要结合瑞士联邦风险分析来进行。其条款 122k 规定了联邦警察对风险分析和安保官员相关使用的责任。最后，条款 122m 规定了航空公司在某些情况下参与的责任。

2.2.2 《瑞士债务法》

《瑞士债务法》条款 716a 第一条规定，公司的最终发展方向由董事会来确定，董事会有责任避免不必要的风险，并尽量减少不可避免的风险，以确保组织机构的存在和发展。因此，董事会必须明确组织的风险偏好和相应的风险控制政策。如前一章所述，风险目标必须与组织的战略业务目标相一致。其条款 716b OR 规定，董事会可以将可操作的风险管理委托给管理层。此外，对于少于 500 名雇员的组织机构，不需要设立首席风险官。

如引言中所述，第 1.1.2008 号《有限责任公司法》的修订部分强制规定，各组织机构必须在其财务报表附件内说明风险评估的执行情况。

对于特定类型的公司，例如，有限责任公司和合作社，其明确指出了有关会计规则及公司的权利和义务。因此，必须将关于风险评估执行情况的信息公布在这些公司财务报表的附件中。所以，在所有类型的公司，包括协会和基金会的战略管理层面的责任清单上，风险管理最终都必须考虑进去。

2.2.3 银行法规

《瑞士银行和储蓄银行法规》（安保建议 952.02）在条款 9 中明确了银行部门风险管理的基本规则。银行在内部指南和规定中必须实施和记录商业风险的程序。此外，该法规要求银行扣押、限制和监督市场、信贷、损失、交易、流动资金，特别是形象风险，以及业务运行和法律风险。[①] 此外，1996 年瑞士银

---

① 瑞士联邦政府（2013）。

行家协会在他们的贸易和衍生品业务中采用了风险管理指南。

2.2.4　德国的控制和透明法

《德国控制和透明法》自 1998 年 5 月生效，它呼吁对上市公司实施满足要求的风险管理体系。特别是，它重视董事会的作用，侧重于实施适当的措施来建立监测系统，以识别出可能威胁组织生存的危险事态（AktG2 中的 §91）。该立法倡议的主要原因一方面是 20 世纪 90 年代一些商业公司（德国金属公司、德国萨克森公司、德国 Balsam 公司、德国洪堡威达克股份公司 、德国胜利航运公司等）的失败，另一方面是资本市场的日益国际化和股东结构的日益全球化。[①] 关于在瑞士法律中列入风险披露的许多讨论都是受到德国这一先例的影响，包括 663b E-OR 条款和 728A E-OR 条款修订的内容。

2.2.5　机构投资者

着眼于更好地治理公司和维护股东利益（即风险管理），机构投资者，特别是养老基金历来是非常有影响力的，瑞士在这个问题上很有发言权。这一领域的先驱是瑞士可持续发展投资基金会（也称为 Ethos 基金），该基金会合并了设在日内瓦的两个养老基金后成立于 1997 年，现已包括来自瑞士各地的 90 多个养老基金。它们的目标是促进可持续发展，并投资于那些在这一方向上有助于市场良性发展的公司。此外，它们使成员能够以负责任的方式行使股东权利，并培育实施良好的公司治理。一般而言，养老基金的管理投资方式非常保守，因为用于投资的资金是老龄人口的养老储蓄金，因此，投资不容许出现失误，这些资金主要投资那些具有很好的管理风险，并准确和透明地提供与风险相关信息的公司。

2.2.6　美国发展带来的影响

鉴于过去几年中世界上一些较大的企业灾难发生在美国，大公司的股东们希望其投资所取得的业绩有更高的确定性和更佳的可预见性。因此，上市公司在实施有效的风险管理和可预见性的机制上承受着越来越大的压力。在 2002 年，安保和交易委员会、美国政府通过颁布新的法令和法规对这些灾难及对安保日益增长的需求做出了反应，其中一项极为重要的法案就是《萨班斯法案》，

---

① GLP（2008）.

该法案对《瑞士公司治理法》产生了巨大的影响，因为《萨班斯法案》的某些内容被吸收进了巴塞尔协议Ⅱ的瑞士要求中。表 2.1 显示了瑞士的规定和法规是如何受《萨班斯法案》和纽约证券交易所的规定影响的。

表 2.1 《萨班斯法案》和瑞士法律的对比

《萨班斯法案》和纽约证券交易所的规定	瑞士规则
《萨班斯法案》第 301 节	瑞士公司治理最佳实践规则，段落 23
纽约证券交易所 303（7）（d）	对银行的强制性要求（瑞士联邦银行委员会通告 95/1），段落 19
纽约证券交易所 303A（7）（c）(iii)（D）条	瑞士公司治理最佳实践规则，段落 19，663b Ziff12 现行指令草案
《萨班斯法案》第 404 节	条款 716a 现行指令；新条款 728a 现行指令

资料来源：Kalia 和 Müller（2006）。

2.2.7 新闻媒体

新闻媒体在使问题引起公众注意方面发挥了重要作用，从而导致全世界对伴随着许多企业丑闻成长起来的公司治理产生了兴趣。诸如严重急性呼吸系统综合征、疯牛病、美国 9 · 11 的恐怖袭击和像瑞士航空和安然这样的公司丑闻，这些问题引发了政治辩论，并在社会和商界提高了人们对风险和风险管理方面的认识。

此外，在瑞士还有其他各种资源对公司治理和风险管理产生了影响，如图 2.2 所示。

2.3 风险管理历史上的里程碑

风险管理的发展可以分为五个不同的阶段，每个阶段都有自己的特点和不同的侧重点。

20 世纪 30 年代为第一阶段，在这一阶段，新的概念和各种讨论开始形成，这是风险管理的初步阶段。

第二阶段是在 20 世纪 70 年代发展起来的，这一阶段形成了正式的风险管理，其主要集中在处理信贷风险上面。

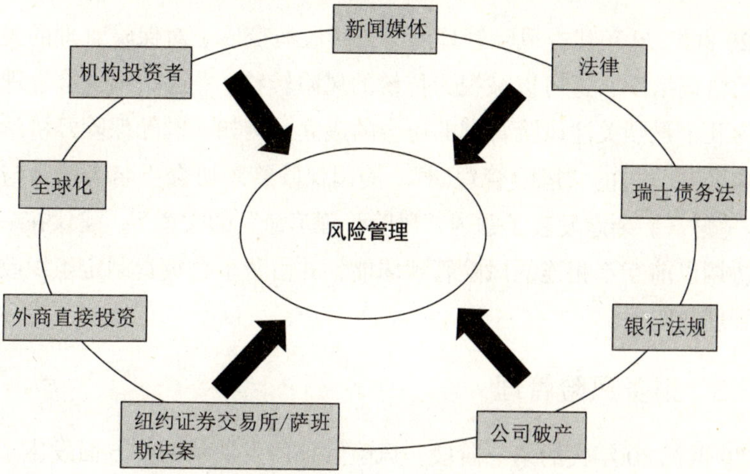

图 2.2　在瑞士促进更好的风险管理的各种因素

资料来源：Kalia 和 Müller（2006）。

除了信贷风险管理，在 20 世纪 80 年代，其重点放在了金融风险管理（即市场风险管理），这一时期被视为第三阶段。

在 20 世纪 90 年代，可操作化的风险管理出现了，将该领域扩大到了业务操作风险，这一时期被认为是第四阶段。

风险管理发展的第五阶段是在最近几年逐渐形成的，被称为企业风险管理。通过将风险管理纳入公司内部各个职能和部门，我们可以对风险管理进行全方位的审视[①]。

2.3.1　新概念

刚开始，风险管理只涉及孤立的安保措施，包括一些损失预防措施和大量不协调预防措施[②]。20 世纪 30 年代,《葛赛法案》禁止银行、投资银行和保险公司之间的共同所有权。1945 年，国会通过了《麦克卡兰 - 费古森法案》，将预防措施的法规授权给各州。[③]

---

① Kalia 和 Müller（2006），p.39。

② Haller（1999）.

③ Kloman（1999）.

2.3.2 信贷风险管理

在 20 世纪 70 年代，风险管理的第二阶段演变成了对保险管理的关注，即纯保险的协调搭配，这可以被视为传统的风险转移。[①] 这些年风险管理的重要里程碑为几个强烈关注风险管理的协会的成立，例如，国际保险经济学研究协会，瑞典公共公司的“风险管理圈”。美国保险管理协会更名为风险与保险管理协会。《财富》杂志发表了题为“风险管理革命”的文章[②]，建议在一个组织机构内协调以前互不相连的风险管理职能，并由董事会负责制定组织政策和监督风险管理的职责。

2.3.3 财务风险管理

在 20 世纪 80 年代的第三阶段，风险管理的发展从两个方面发生了变化：一是风险融资，包括协定的免赔额、专属公司和各种混合形式；二是从综合风险规划意义上说的风险控制，部分地区与保险覆盖范围密切相关。在 20 世纪 80 年代末，风险管理在风险传播方向上发生了扩展，这主要是由于有关保险部门发生大规模事故后造成信任丧失的结果。[③]

2.3.4 可操作化的风险管理

第四阶段始于 20 世纪 90 年代。在某些行业的保险市场，危机影响了行业保险公司和大客户之间的关系。[④] 术语“首席风险官”由詹姆斯·兰姆在通用电气金融集团中第一次使用，他描述了首席风险官在管理风险各方面的作用。在处理航空安全事件时，可操作化的风险管理起着重要的作用。航空业的操作面是一个危险的环境，有许多因素会造成不安全状况。因此，在这一领域必须要特别注意。

2.3.5 企业风险管理

纽约世贸中心发生的 9 · 11 恐怖袭击[⑤]，扩大了不稳定性和风险涉及的维度。

---

① Haller（1999）.

② Kloman（1999）.

③ Haller（1999）.

④ Kalia 和 Müller（2006），p.39。

⑤ Kalia 和 Müller（2006），p.40。

纽约证券交易所一天内损失了数万亿美元，这对全球风险管理的看法产生了巨大影响。[①] 今天，公司接受企业风险管理的概念，对影响组织的所有内部和外部风险有一个整体的考虑，旨在提供一种综合的方法来管理跨部门和跨职能的风险。这就产生了业务连续性管理的概念，公司确保其即便在极端事件中，如恐怖活动、自然灾害、流行病和重大破产事件中也能够生存。

2.3.6　合规管理

当前一个重要的趋势是，风险管理和安全管理部门的规定日益增多，这是一个真正的挑战，特别是对航空业来说。这些规定要求增加资源以建立和实施不同的强制性机制或系统，并需要持续的合规监测和审计。图 2.3 提供了这些情况的图示说明，也展示了过去几十年中风险管理的发展过程。

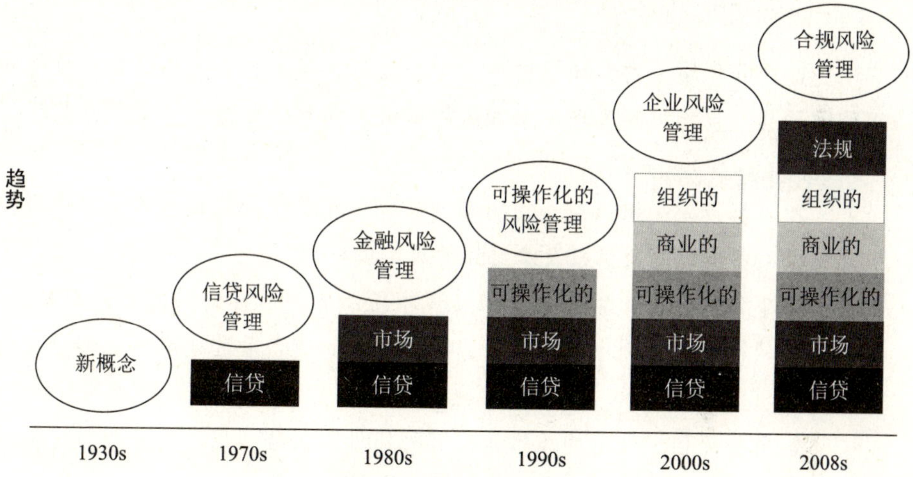

图 2.3　风险管理的发展

资料来源：参考 Kalia 和 Müller（2006）自绘。

2.4　一般风险管理模型

以下风险管理框架描述了风险管理的结构化方法。

① Kalia 和 Müller（2006），p.40。

2.4.1 美国反虚假财务报告委员会下属的发起人委员会的企业风险管理——集成框架

美国反舞弊性财务报告委员会下属的发起人委员会的模型可以被认为是最古老的风险管理框架。最初开发它是为了在具有道德规则意识的公司内部，结合有效的内控体系一起来提高财务报告的质量。美国反舞弊性财务报告委员会作为美国反虚假财务报告委员会下属的发起人委员会的平台于1985年成立。该体系于1992年被美国证券交易委员会批准为内部控制系统的标准，并在随后的几年中不断得到进一步的发展。[①]

美国反虚假财务报告委员会下属的发起人委员会的风险管理框架包括三个相关的维度，如图2.4所示。

第一个维度是管理层共有的并融合在整个管理过程中的主要组成部分。

1. 内部环境：内部环境描述了管理人员、雇员和整个组织如何看待和处理风险，包括风险管理理念和风险偏好、完整性和道德价值，及其运行环境。

2. 目标设定：组织应遵循明确的目标。相关风险的识别对于组织很重要，必须符合风险政策以及本组织的风险偏好。

3. 事件识别：必须查明影响实现本组织各项目标的内部和外部事件。此外，从机遇中辨别出风险后，应将机遇重新纳入管理战略或目标设定的过程中。

4. 风险评估：确定的风险根据其可能性和影响程度进行分类。评估可能性和影响，以便为风险响应获得坚实的基础。

5. 风险响应：管理层负责启动风险响应，包括但不限于避免、接受、降低或分担风险，并包含建立一套适当的措施，以使风险与实体的风险容忍度保持一致。

6. 控制活动：为了跟踪风险响应得以有效地执行，必须制定和执行具体的政策和程序。

7. 信息和沟通：必须识别和传达有关信息，以便使雇员和管理人员能够履行各自职责。在现代组织中，有效的沟通通过横向和纵向实施。

---

① Hasch 和 Müller（2009）。

8. 监控：在整个组织中描述和记录企业风险管理，并通过不间断的管理活动、单独的评估或二者兼而有之来完成监控。

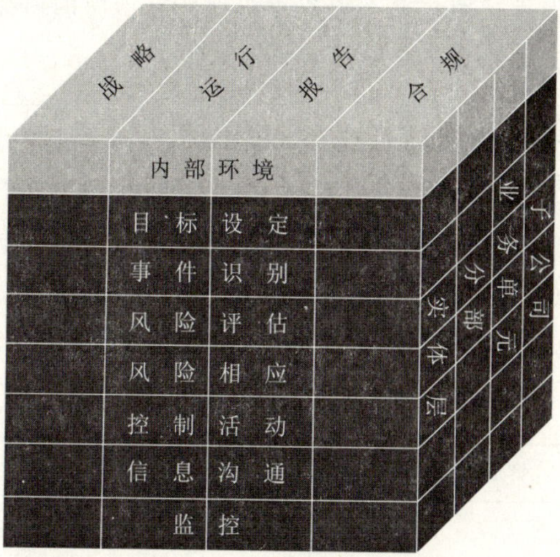

图 2.4 美国反虚假财务报告委员会下属的发起人委员会框架

资料来源：企业风险管理——集成框架。

上面的第二个维度，对组织中不同类型的风险或实体的目标进行了分类。美国反虚假财务报告委员会下属的发起人委员会区分了战略的、可操作化的、报告的和合规的风险。

第三个维度说明了与整个组织的企业风险管理相关的风险管理，这包括实体级别、分部、业务部门和子公司。[①]

2.4.2 国际标准化组织的 ISO 31000：2009 风险管理——原则和指南

ISO 31000：2009 风险管理原则和指南是全球范围内可用于风险管理的标准。ISO 31000 标准的目的是将风险管理过程融入并适应现有的管理系统，以便优化和调整风险管理流程以满足组织的需要，而不只是满足合规性的问题。

该系统基于以下核心原则：

· 最高管理层负责风险管理，必须持续监测和控制。

① 反虚假财务报告委员会下属的发起人委员会（2004）。

· 风险必须在整个组织的所有业务管理层中传播，而不仅仅是在战略层面上。风险管理流程的启动必须通过各级管理层自上而下进行传达。
· 最后，ISO 标准试图在整个组织中识别所有不同的内部和外部风险，这些已确定的风险影响风险管理系统的总体实施。

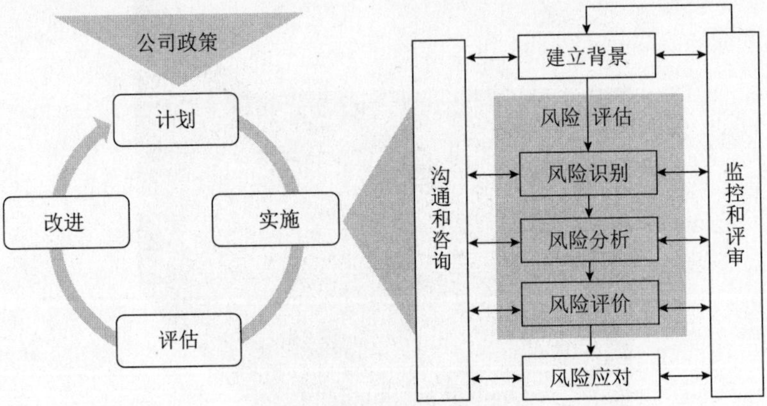

图 2.5　基于 ISO 31000 的风险管理系统方法

资料来源：ISO 31000：2009。

图 2.5 说明了 ISO 31000 的系统性方法，其结合了风险管理过程以及融入风险管理系统的过程。风险管理过程定义了风险识别、分析和评估各个流程，包括在整个组织中应用适当的缓解措施和最终的沟通。风险管理系统依据戴明环[①]包括所有的措施，如计划、实施、评估和持续改进，应该被理解为组织战略管理的重要组成部分。

2.4.3　ISO 22301 业务连续性管理

业务连续性管理系统旨在使公共和私人组织在发生极端事件时更具弹性。此标准支持任何规模的组织主动准备管理可能危及公司生存的破坏行为。一般来说，一些事件可能会破坏业务环境，甚至会对组织产生负面的直接影响。ISO 22301 可以使组织对破坏性事件有所准备，并确保其能够以适当的方式进行响应并保护和继续其运行。[②]

ISO 22301 结构的重点是业务连续性规划的特定关键领域。

① Morris 和 Pinto（2010），p.141。
②《朝向更安全的世界》（2012）。

- 第 4 部分：组织的环境背景
- 第 5 部分：领导力
- 第 6 部分：规划
- 第 7 部分：支持
- 第 8 部分：运行
- 第 9 部分：绩效评估
- 第 10 部分：改进

第 4 部分侧重于组织的环境，并确定可能对组织产生影响的外部和内部问题。这部分特别关注破坏性事件可能对组织的活动、功能、服务、产品、与相关方的关系、供应链和合作伙伴关系造成的潜在影响。它在业务连续性政策与组织的目标、政策和风险管理策略之间建立联系。此外，它还考虑到了本组织的法律、规章和额外要求。

第 5 部分集中在领导力方面，即其高层管理人员要求人们对业务连续性管理体系要有持续的责任。重要的是，业务连续性管理体系要与战略组织相适应，战略组织需要将其纳入既定的业务流程，并提供必要的资源。责任和职权范围必须明确下放，并且不断加以评估。另外，为了确保有效执行，还需要传达业务连续性管理体系的重要性并不断监控、指导和支持。

第 6 部分是规划阶段，在这一阶段，需要在如何处理已识别的风险以及如何遵守组织要求方面制定目标。这些目标必须是可测量的，并与业务连续性政策相一致，并且必须评估组织为了生存可接受的产品和服务的最低水平。

第 7 部分为每项任务分配适当的资源。只有经过相关培训的合格人员才有资格执行和维护业务连续性管理体系。此外，本部分还规定了所需文档的创建、更新和控制。

第 8 部分为业务连续性管理体系的运行。通过实施业务影响分析，组织可以识别支持其关键产品和服务及其相互依存关系的关键流程。而且，组织可以确定在最低可接受的水平上流程运行所需的资源。此外，可靠的风险评估是可靠的业务影响分析的关键。在记录业务连续性程序时必须考虑这些问题。业务连续性程序旨在通过实施适当的缓解策略，将破坏性事件的后果降到最低水平。

第 9 部分具体说明了用以改善其运行的系统绩效评估和永久监控。这一点将通过不断监测合规情况、历史证据、内部审计和持续管理审查得以确保。

第 10 部分强调了系统、其固有流程及目标有效性的持续改进问题。[①]

参考书目

1.AIRMIC，ALARM，& IRM.（2002）. *A risk management standard.* London.

2.Committee of Sponsoring Organizations of the Treadway Commission.（2004，September）. *Enter-prise risk management - Integrated framework.*

3.Die Bundesbehörden der Schweizerischen Eidgenossenschaft.（2013）. *952.02 Verordnung vom 17. Mai 1972 iiber die Banken und Sparkassen*（*Bankenverordnung*，*BankV*）. Retrieved August 31，2013，from http://www.admin.ch/opc/de/classified-compilation/19720108/index.html.

4.Ford，E. W.，Duncan，W. L.，Bedeian，A. G.，Ginter，P. M.，Rousculp，M. D.，& Adams，A. M.（2003）. Mitigating risks，visible hands，inevitable disasters，and soft variables: Management research that matters to managers. *Academy of Management Executive*，77（1），46-60.

5.Frigo，M. L.，& Anderson，R. J.（2011）. Strategic risk management: A foundation for improving enterprise risk management and governance. *The Journal of Corporate Accounting & Finance*，22（3），81-88.

6.GLP.（2008）. Risikomanagement nach *KonTraG*（*Gesetz zur Kontrolle unci Transparent im Unternehmensbereich*）. Retrieved September 01，2013，from http://glp-gmbh.com/kontrag/kontrag.html.

7.Haller，M.（1999）. *The global development of risks—Consequences for integrated risk manage-ment*. St. GslHgu: Risk Management Foundation，1-VW HSG.

8.Häsch，N.，& Müller，R.（2009）. *Risk management an Hochschulen.* St. Gallen: Dike.

9.IATA，E. L.（2013）. www.uldcare.com. Retrieved September 2013，from http://www.uldcare.com/ DATA/DOCUMENTS 13_E04.pdf.

10.Kalia，V.，& Müller，R.（2006）. *Risk management at board level.* St. Gallen: Haupt.

11.Kloman，F.（1999）. Risk management milestones: 1990-1999. *Risk Management Reports*，*26*，12.

12.Morris，P.，& Pinto，J. K.（2010）. *The Wiley guide to project control.* Hoboken: Wiley.

13.Ruefli，T. W.，Collins，J. M.，& Lacugna，J，R.（1999）. Risk measures in strategic

① St-Germain，Aliu，Lachapelle 和 Dewez（2012）。

management research: Auld Lang Syne? *Strategic Management Journal*, *20*（*2*）, 167-194.

14.Speckbacher, G., Asel, J. A., & Posch, A.（2010）. Der Finanzbereich in Krisenzeiten: Vom Performance Management zum integrierten performance-risk management. *Cojitrolling & Management*, *54*（*2*）, *60-67.*

15.St-Germain, R., Aliu, F., Lachapelle, E., & Dewez, P.（2012, April 11）. *Whitepaper—Business continuity management systems*. Montreal, QC, Canada: PECB - Professional Evaluation and Certification Board.

16.Towards a Safer World.（2012）. www.towardsasaferworld.org. Retrieved February 07, 2013, from ISO publishes new standard for business continuity management: http://www.towardsasaferworld.org/node/8.

第 3 章　内部控制系统

Roland Müller 和 Christopher Drax

接受定期审计的公司必须持续确认内部控制系统的存在。迄今为止，审计员对内部控制系统进行评估，只是为了解被审计的实体在编制内部控制系统审计战略和审计方法时所考虑的事项。

本章介绍了以下内容：

- 内部控制系统的概念和目标
- 内部控制系统的不同组成部分
- 任务和责任
- 内部控制系统的最低要求

内部控制系统的概念和目标

内部控制系统包括由董事和高级管理人员安排的所有过程、方法和措施，以确保企业正常、持续地运行。内部控制的组织性措施被纳入了运行过程中，这意味着它们是工作执行的一部分。

在这种情况下，将确定当前状态并与目标值（目标状态）进行比较。内部控制支持：

- 通过有效和高效的管理实现企业目标
- 遵守法律法规（合规）
- 商业资产的保护
- 预防、减少和发现错误及不正常的情况
- 确保账目的可靠性和完整性

· 及时可靠的财务报告

内部控制系统的主要任务，一方面是提高账目和外部财务报告（账目）的可靠性和完整性；另一方面是防止和发现账目及财务报告中的错误和包括舞弊在内的不正常行为。

3.1.1　内部控制系统的组成部分

内部控制系统的设计和实施取决于企业规模、业务风险和组织的复杂程度。较小的公司可以通过不那么正式的手段及更简单的流程和结构更轻松地实现内部控制系统的目标。

根据美国反虚假财务报告委员会下属的发起人委员会的材料，内部控制系统的组成部分分为以下五类：

类别	内容
控制环境	公司控制环境的设计包括各种组成部分，以及影响公司流程的管理方式。 这包括：任务和责任的委托、廉正和道德价值的沟通与执行、对胜任力的承诺、负责管理和监督的人员的参与、领导原则和管理风格、组织化的结构，以及员工和客户相互关系方面的规定。
风险评估	每个组织都需要了解它所面临的风险以及如何管理这些风险。风险评估通常包括： · 公司目标和风险管理目标（安全目标）的规范，风险管理政策部门 · 风险识别（识别可能导致账目误报的主要风险，以及可能影响财务报告的账目和业务风险） · 风险评估（评估风险的重要性，评估发生的可能性） · 信息 / 沟通（规定何人、何时要被告知的内容） · 风险管理（关于可能措施的决策） · 监测控制措施
控制活动	每个公司都必须制定并执行指令和程序，以确保那些被董事会和执行委员会视为必要目标的活动能够被实际执行。控制活动的例子包括授权过程（授权级别、签字政策）、工作指令、绩效监测、IT 程序的进入权限、物理控制和职责分离 /“四眼”原则（通常又被称为职责分离，它是决策由多人彼此独立作出时的一个常见场景。源于西门子的管理制度，又称“四眼”管理原则，是指所有的重大业务决策都必须由技术主管和商务主管共同作出，以保证运营战略能平衡商业、技术和销售等各方面的风险——译者注）。

续 表

类别	内容
账目相关信息系统	为了执行所需的活动/控制措施，必须规定信息和沟通渠道，以便董事会和雇员在恰当的时间拥有恰当的信息。 确保所有相关信息可靠、被及时收集、处理和分发的信息系统是一个先决条件。
内部控制系统的监控	只有控制措施长期可靠，内部控制系统才有效。因此，必须持续监测内部控制系统，使其保持有效。这包括监督机构及时审查控制措施的结构和功能以及实施必要的纠正措施。

3.1.2 内部控制系统的任务和职责

实施内部控制系统的责任由董事会承担；其下是由审计委员会负责。首先，董事会必须确保采取适当的控制措施，以便防止、发现或改正交易及相关报告中的错误，而管理层负责运行和维护。在内部控制系统领域内的任务和职责如下表所示：

董事会之审计委员会	执行并维持一个运作良好的内部控制系统，是董事会有关公司会计工作监督职能的核心，有关过程的设置尤其涉及： ·目标 ·内部控制系统的范围和扩展水平 ·文件编制要求 ·报告要求 确保与内部控制系统框架有关的管理层要采取的措施得以执行。 保持对内部控制系统的有效性进行充分的监测。这需要： ·定期与管理层协商（内部控制系统的有效性） ·内部控制系统管理层访谈的评价情况 ·纠正缺陷措施的启动和监测 ·用于监测和评价内部控制系统的内部审计的使用

续 表

管理层	董事会规定的原则的实施： ·建立恰当的控制结构采用的系统性的方法 ·建立识别、评估、监测和控制已识别出的风险的适当流程 ·确定关键控制和监测，确保采取纠正措施 ·维护和记录其功能符合所有职责、技能和信息流的组织化的结构 ·在财务报告的可靠性以及确保执行委派任务方面，对内部控制系统实施记录与核查 ·确保必要的技术和人力资源以及工作人员的素质（培训、经验）
审计员（基于美国 727 条款 OR）	·核查内部控制系统是否存在 ·向全体代表大会报告 ·向董事会提交关于内部控制系统审计的详细报告

董事会必须定期处理与内部控制系统有关的下列基本问题：

1. 是否已经知道业务流程中的所有重大风险?

2. 是否有措施将这些重大风险降低到公司可接受的水平?

3. 董事会和管理层是否接收到内部控制系统实际有效和高效运作的保证?

4. 组织机构和企业文化是否考虑了流程和控制的持续改进?

3.1.3 内部控制系统的最低要求

瑞士一个专业的会计师组织，发表了一份意见书，指出内部控制系统的程度和要求必须适应本组织的复杂程度和规模，特别是公司的规模和活动、交易的数量和复杂性、股权结构和融资等都在内部控制系统发挥着作用。在确定内部控制系统的要求时，董事会要考虑有效性、责任性和效率等原则问题：

方面	含义 / 内容 / 表达
有效性	· 遵守企业文化 · 明确界定责任 · 控制与风险相一致 · 控制融入流程中，并被监控 · 充分测试的控制 · 训练有素的员工 · 被明确界定的信息和上报流程
责任性	· 记录内部控制系统的目标和扩展程度 · 记录业务风险 · 以书面形式记录流程和控制 · 清晰地记录控制活动 · 定期评估和报告内部控制系统的质量
效率	· 内部控制系统是企业范围风险管理的一个组成部分 · 内部审计的使用及与审计人员相互配合 · 侧重关键风险 · 自动化实施控制措施的可能性

对于内部控制系统来说，其范围和最低要求没有可依据的法规。① 但是，内部控制系统必须要满足某些要求，以确保审计员能够确认其存在：

· 内部控制系统必须被记录
· 内部控制系统必须具有与业务风险相关的规模，并与业务范围相适合
· 内部控制系统必须向员工沟通
· 内部控制系统必须被应用和实施
· 公司必须要有控制意识

内部控制系统，如公司一样，必须要进一步发展自己。能够适应不断变化的环境是至关重要的。因此，全球化、竞争压力、新技术和法律变革必须要一直被纳入业务流程。此外，必须不断审查内部控制系统，如果需要进行调整，

① Atteslander 和 Cheetham（2007）。

负责的管理人员应立即做出反应。然而，成本总是要牢记于心。当然，建立和维持内部控制系统的费用可以预期在中期被下列好处所抵消：

- 公司内建立了明晰的组织、角色和职责
- 识别与控制有关的业务风险，向企业风险管理迈出步伐
- 识别业务流程中可能存在的效率
- 减少错误更正量（因为较快地检测到了错误）
- 各级员工具有了控制意识
- 对于财务报告（利益相关方）增强了信心
- 改进了公司监控
- 消除了控制过程中的冗余
- 减少了欺诈风险
- 在审核期间更正错误的次数减少

这种内部控制系统几乎能自动满足审核要求；合规被视为“附带产生的结果”。

参考书目

Atteslander, J., & Cheetham, M.（2007）. Vorschläge der Unternehmen zum IKS: Definition der Gesetzgebung und die Rolle der Revisionsstelle. *Der Schweizer Treuhänder: Monatsschrift für Wirtschaftsprüfung, Rechnungswesen, Unternehmens- und Steuerberatung; offizielles Organ der Treuhand-Kammer. - Zürich, 81.2007*（1/2）, 30-37.

第 4 章 航空业安全管理体系基本理论和结构

Roland Müller 和 Christopher Drax

要了解安全管理体系的基本理论和结构，必须要解释其发展历史和基础知识。本章概述了以下内容：

· 安全和事故的发展历史

· James Reason 提出的组织事故起因模型

· 监管环境

· 安全管理体系的结构和目标

4.1 安全和事故的发展历史

可接受的航空安全记录是航空业成功与否的重要指标，因此，提升安全水平一直是航空业的焦点。在过去的这些年里，航空业的硬件可靠性和软件可靠性均在不断提高。不幸的是，人和组织系统的可靠性却未能以同样的速度提高[①]。

因技术落后、基础设施不足，早年的航空业声名狼藉，缺乏官方监督，几乎没有规章制度，这些都是常态。生产需求促进了航空业的发展，却不懂得诸如危险源识别和风险管理等安全管理措施。航空业随着雄心勃勃的生产目标得以快速发展，但缺乏必要的安全管理措施和资源，从而频发故障和事故。

以前的事故预防和事故调查主要是一个被动的过程。事故发生后才能知道结果。20 世纪 50 年代，随着越来越多的规章制度、愈加先进的技术和快速发展的基础设施，事故率开始持续降低。这一时期的共同思维方式是，只要遵守

① 国际民航组织（ICAO）(2009)。

了规则，就不会发生安全违规事故。

人们相信，仅在无视规则的情况下，才会最终导致崩溃；引入了规章限制，就可能将风险降至最低。但是，随着航空业的复杂程度不断增加，规章制度不可能覆盖到动态环境中的各种运行场景。事故调查主要关注于技术因素，极少关注到人的因素和组织因素。

确定事故原因的通常方法是问发生了什么、谁发生了事故和事故发生在什么时间。这种方法忽视了事故发生的原因和事故是如何发生的。其实，这才是完全理解安全失效或危险情况真正的重点问题。近年来的情况表明，人们对事故的理解已经转向为什么发生事故和事故是如何发生的。审视安全思想的发展历程可以发现，从航空业伊始直至20世纪70年代为“技术年代”，在这一时期，安全事故和关注的问题主要与技术因素相关。

鉴于技术尚未完全发展至能应对大众运输的需求，技术故障不断重复发生，因此，这个时期的主要关注点是调查技术问题和改进技术。20世纪70年代，主要的技术改进包括雷达、喷气式发动机、自动驾驶、飞行指引、改进的导航和性能增强技术（地面和空中）等不断投入使用，从根本上减少了技术故障[①]。

上述的改变导致“人的时代”的来临，安全工作的重点转移至人的因素。随着机组资源管理和面向航线的飞行训练的引入，为了控制人为差错，航空业做了大量的努力。然而，人为差错仍然是安全违规行为的一个常见因素。从20世纪90年代初开始，人们认识到不能脱离运行环境“单独”审视个人行为[②]，必须考虑到事故的因果关系序列——从组织因素到当地的工作场所条件，到个人的不安全行为，再到失效的防护机制和负面结果，这些均为触发事故的潜在因素。

对于任何事故，其关注点必须是组织因素，如组织的安全文化，以及当地形成或导致这种安全文化的情况[③]。

图4.1展示了上述影响因素及安全思想发展的时间表。

---

① 国际民航组织（ICAO）(2009)，p.2-3。
② 国际民航组织（ICAO）(2009)，pp.2-2，2-5。
③ 詹姆斯·瑞森（ICAO）(2004)，p.18。

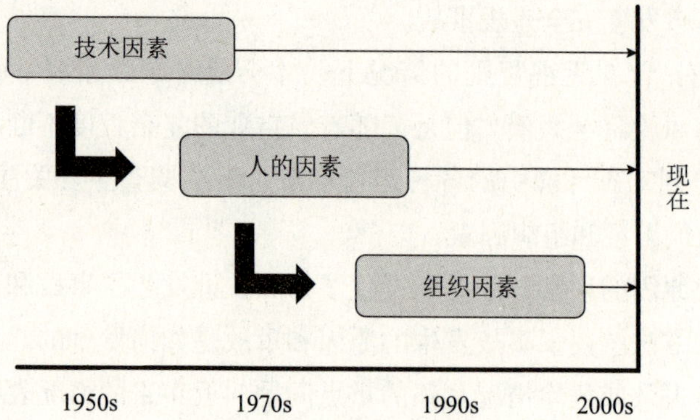

图 4.1　安全思想的发展历史

资料来源：《国际民航组织安全管理手册》。

4.2　组织化的事故原因

仔细研究事故的原因可以得知，不可能简单地指出唯一一个责任因素。事故的发生需要一系列促成因素，这些因素中的每一个都必须出现，才能引发事故，单个因素没有足够的力量突破系统的防护机制。这凸显了航空系统的复杂性及其良好的防护机制，因其受到了诸如法规、培训和技术等各种防护机制的保护，所以很难发生单点失效[①]。

通过审视图 4.2 可以清楚地得知，操作差错或被忽视的程序等问题均为管理人员、工作场所条件或组织流程而产生的延迟效应。这些差错会继续出现，直至发生组织或工作环境的改变而提升了安全意识。操作差错是潜在不安全状况的触发器，在这种潜在不安全状况中，人们通常因为超出了个人心理学的范畴而在复杂系统中犯错误或违反程序[②]。这些潜在不安全状况在系统中潜伏着，一旦系统的防护机制被破坏，它们就会显现出来[③]。

其他影响到组织事故的因素是显性失效。这些失效是由一线人员，诸如地服人员、飞行员、管制员等所犯的差错或违规行为，这些差错或违规行为会直接影响到航空系统的安全，并可能导致破坏性的结果[④]。

---

① 国际民航组织（2009），p.2.4.1。

② 詹姆斯·瑞森（2004），p.10。

③ 国际民航组织（ICAO）（2009），pp.2.5-2.6。

④ 詹姆斯·瑞森（2004），p.10。

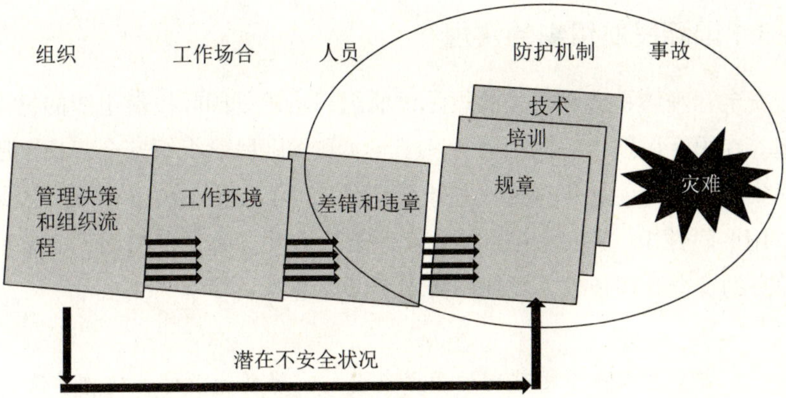

图 4.2 组织事故的不同阶段（詹姆斯·瑞森，2004 年，第 90 页）

资料来源：詹姆斯·瑞森，2004 年。

总结组织化的事故起因可以揭示产生事故必须经历的不同阶段。大部分潜在不安全状况始于决策者和组织流程，它们会受到诸如财务预算和政策等通常带有人的偏见和限制的影响。因此，必须建立内部流程来查明此类威胁，并消除它们。各级负责管理层所做的决定可能会导致训练不充足、违反最长工作时间或工作场所保护性措施的规定。

其后果是，员工因缺乏足够的知识和技能，不能使用正确的操作程序，由此而产生的差错和违规将会导致显性失效，并可能引发事故，这从整体上反映了薄弱的安全文化[①]。

4.3 安全管理体系相关法规

国际民航组织附件 6 第 1 部分第 30 次修订引入了新的有关安全管理的第 3.3 条款，其下第 3.3.4 ～ 3.3.8 条设立了标准，要求作为其国家航空安全方案的一部分，各成员国要确保其航空运营人实施一个可接受的安全管理体系[②]。

① 国际民航组织（ICAO）（2009），p.2-6。

② 国际民航组织（ICAO）（2010），p.3-3。

4.3.1 国际民航组织的法规[①]

与安全管理体系实施相关的国际民航组织法规是国际民航组织的标准和建议措施。在国际民航组织的附件 6、11、14 和国际民航组织安全管理手册中均可以找到相关规定。此外国际民航组织附件 19 第一版从 2013 年 11 月 14 日起开始适用。附件 19 第一版中的安全管理条款均改自或直接引用了 6 个不同附件中原有的安全管理条款，此外还新增了以下内容：

1. 安全管理体系框架现适用于负责航空器型号设计和制造单位；

2.《国家安全纲要》框架的四个组成部分提升了第 3 章所设标准的地位；

3. 国家安全监督适用于对所有产品提供商和服务提供商的监管；

4. 安全数据收集分析和交换（第 5 章）和保护安全数据分析和处理系统（附录B）中安全信息的法律参考，与《国家航空安全纲要》相辅相成[②]。

国际民航组织的法规分为基本法和派生法[③]。国际民航组织的基本法是芝加哥公约的一部分[④]，该公约于 1944 年 2 月 6 日在瑞士签署，自 1947 年 4 月 4 日开始生效。

国际民航组织的派生法包括：包含了标准和建议措施的 18 个附件、航行服务程序和地区补充程序[⑤]。

与欧盟的欧洲航空安全局相比，国际民航组织没有主权权利。通常，国际民航组织的法规和附件须通过采纳或修改现有法规或新制定法规，从而在瑞士法规体系中实施。新近增加的 6a LFG 条款明确预示了国际民航组织附件直接适用的可能性[⑥]。各单位在提及和授权立法时，如果不遵守国际性法律（例如，国际民航组织和日本 JAA 航空），是会出现问题的（参见 2.2.4）。不过，只要

---

① 更多参考资料见 http://www.icao.int/safety/ism/ICAO%20Annexes/ Forms/AllItems.aspx。

② 国际民航组织（ICAO）(2013)。

③ Müller 和 Schmid（2009）。

④ 国际民航组织（ICAO）(1944)。

⑤ Müller 和 Schmid（2009），pp.26-27。

⑥ 例如，联邦委员会在条款 138 & 103a LFV，以及条款 3bis VII 中使用了这个参考条款。

条约的条款是自动生效的，则不要求转化为国家法律。美国法院决定，芝加哥公约的第5、8、15、20、24、29、32、33和36条款直接适用。迄今为止，还没有关于公约附件是否直接适用的决定[①]。

4.3.2 欧洲航空安全局的法规

欧洲航空安全局的法规分为建议措施（柔性法律）和标准（硬性法律）两部分。硬性法律由欧盟委员会、欧洲议会或欧盟理事会制定，对所有成员国均有约束力；柔性部分（适航性验证方法、辅导材料和认证规范）不具有约束力。适航性验证方法指出了一种方法，但这并非唯一的方法，通过这种方法可满足欧洲航空安全局适航法规或基本法规实施规则中的某一要求。正确实施欧洲航空安全局所颁布的适航性验证方法的申请人保证了可接受的符合性[②]。柔性法规由欧洲航空安全局自己制定[③]。

4.3.3 民用航空管理局

尽管一方面航空业由国际民航组织规范其国际性的一面，另一方面由欧盟基于欧洲航空安全局的法规进行管理，但各成员国仍有自己的民用航空管理局。它们的目的不仅仅是将这些法规转化为国家法律，还根据各国的情况进行修正。

因为瑞士不是欧盟成员国，欧盟的法规必须通过一个特定的程序才能被瑞士所接受，该程序由瑞士与欧洲共同体（Luftverkehrsabkommen，LVA）签署的航空运输双边协议来确定 。对于将要转化为瑞士法律的欧盟法规，必须由航空委员会做出决定，如果接受，则等同于一个双边协议。然后再由瑞士联邦律师，特殊情况下是瑞士议会[④]正式批准。在这样的背景下，每一次修订都需要再次批准，这是非常重要的[⑤]。

迄今为止，还没有出现与安全管理体系相关的欧洲法规。但是，欧洲航空安全局已声明，它将把与国际民航组织附件6中安全管理体系的相关规定

① Müller和Schmid（2009），p.27。

② 欧洲航空安全局（n.d.）。

③ 联邦民用航空局（BAZL）（2007），p.6.

④ 参看184条款第二段Cst，分别是条款7a RVOG以及条款3a LFG。

⑤ 条款22第四段LVA。

转化为即将进行的立法提案[①]。至今，仅有《欧盟航空运营条例》第1.037条定义了一个“事故预防和航空器安全计划”，其中包含了平均最大审定起飞质量27000公斤以上飞机的风险识别系统、报告系统、事故信息评估和飞行数据监控计划。

此外，每个单位都必须有专人负责管理此项计划[②]。尽管欧洲航空安全局认为《欧盟航空运营条例-1》与国际民航组织安全管理体系的主要原则相一致[③]，但它已经提出了一个《拟议修正通知书》[④]。NPA-2008-22c主要包括了国际民航组织关于小规模运营业务更详细要求的相关标准 。瑞士航空服务提供商应当密切跟踪欧洲航空安全局的进展，但是，这通常有6个月的延迟期[⑤]。

4.4 安全管理体系的重要性和目标

航空运行环境及官方规章制度要求变动非常快，考虑到航空系统的这种复杂性，航空运营人正面临着日益增加的经济压力和运行压力。航空业的复杂性和快速变化的基本特征，要求采用系统性方法进行安全管理。

成功的关键在于安全管理体系，它是将操作系统和技术系统与财务管理和人力资源管理有机结合的一系列流程或组成部分。这些流程存在于航空运营人、机场或经批准的维修单位的每一项活动之中。这是一种保证安全的有序的解决方案，其重点在于将目标设定和明确的责任义务贯穿于运营人的整个组织中。

安全管理体系旨在持续改进安全的整体水平，同时衡量绩效、分析流程，并成为公司业务管理活动和公司文化不可或缺的组成部分之一[⑥]。

实施安全管理体系，要求具备可以进行安全风险控制的流程，并引入可接受安全水平的概念。

为描述安全管理体系的基本组成部分，有必要探究其结构化的要素。这

---

① EASA, NPA AR/OR.

② 欧盟（2008），p.6。

③ EASA（2007），p.1。

④ 关于NPA详细信息和内容请参考NPA-2008-22a中附录II N.26ff，以及NPA-2008-22c中特别是OR.GEN.200和AMC的OR.GEN.200。

⑤ 联邦民用航空局（BAZL）（2007），p.19。

⑥ 加拿大运输部（2002），p.6。

些要素表现为“四个支柱”，解释了安全管理体系结构的基本原理和基本概念。为确保安全管理体系的有效性，必须存在并稳健执行这些结构化要素[①]。

4.4.1　支柱 1：政策

航空运营人的管理层政策是一份书面说明，陈述了公司的意图、理念和对安全的承诺，它通常规定了相关人员的职责。此外，它的关注点在于达成的安全目标或安全绩效目标，以及达成这些目标所采取的各种措施[②]。政策应当关注通过安全风险管理以及建立明确的行为标准所达到的整体安全水平的持续提升。对于一个成功的安全管理体系来说，高层管理人员的承诺是关键指标。因此，它必须是高层管理人员签署的高级别声明，并应向直接或间接影响到安全绩效的人员提供帮助。从根本上说，它还应该提供一个具体的路线图，以确保所有的安全管理活动都能在公司内部高效运转和共同分享[③]。

4.4.2　支柱 2：风险管理

风险管理过程是将风险控制在一个可接受的水平上的基础任务，可被看作是安全管理中的关键任务。该过程包括危险源识别、风险评估、制定缓解措施、控制安全风险和监控安全措施的效果。风险管理的基本计划是将事件发生的严重程度和可能性降至最低。风险管理是决定如何处理影响航空安全的事件的决策依据。此外，它是评估事件、事件的影响和结果的基础。其成功的关键是在整个组织内部进行持续和直接的沟通[④]。

对各运行系统的详细了解，是风险管理的先决条件。这些系统包括对组织机构的生产力有贡献的组织结构、流程和程序、人员、设备和设施。深入的系统工作分析强调如飞机等硬件与软件、人员和环境之间的相互作用，它指出了危险源及其相关风险识别中存在的弱点[⑤]。

4.4.3　支柱 3：安全保证

安全保证是指为确保产品、服务、组织或功能系统达到可接受或可容忍的

---

① FAA（AFS-800）（2006），p.9.

② Stolzer, Halford 和 Goglia（2008），p.25。

③ 加拿大运输部（2004），p.10。

④ Stolzer et al.（2008），p.26。

⑤ Stolzer et al.（2008），p.26。

安全水平所必需的一切有计划的和系统化的行动[①]。

在采用适当的政策、流程、措施、评估和控制的情况下，运营人必须重视以下流程以保证最高的安全水平[②]。为了保持与安全政策相关的安全绩效运行取得成功的方式，并确认安全风险管理的效率，航空组织必须制定安全绩效监测和衡量流程。对于安全绩效和安全监控，必须要有结构化的报告流程，明确哪些操作行为是可接受的，哪些是不可接受的。

必须明确规定，在哪些情况下必须考虑免于纪律处罚。航空服务供应商必须经常进行变革管理，制定和维护正式流程，以确定可能影响到既定流程和服务的运行环境中存在的偏差。必须要变更可操作化的业务，并予以记录，调整不再需要的或不再有效的安全风险控制手段。管理层必须不断查明安全管理体系与安全标准和程序之间存在偏差的原因，不断改进安全管理体系，并定期进行安全审计和管理评审，以消除此类偏差[③]。

安全保证的一个重要部门是安全评审委员会。安全评审委员会通常由责任主管、安全总监和不同业务部门（地面运行、飞行运行等）的管理人员组成。安全评审委员会应召开月例会，评估员工提交的安全报告。该审查和评估流程应提供月度报告，这些报告可内部进行处理，也可提交给民航当局处理。

这些报告应该包括安全管理体系绩效指标，说明所分析事件的可量化属性。绩效指标应该有集中表现力，可进行内外部比较，并应指出发展现状和趋势。安全绩效指标本身只提供模拟信息进行进一步分析。因此，确保可比性对于内部和外部分析至关重要。安全绩效指标通常是采用一些事件、事故征候或报告的发生频率表示的数据，没有适用于所有情况的单一安全绩效指标。

选取的指标通常与相关的安全目标相契合，例如下列可用的安全指标：

· 每 1000 小时循环的空中事故征候数
· 每次审计发现的问题数（或其他可衡量的审计绩效标准）
· 收到的危险源 / 安全报告数等
· 日常运行中的事故征候数

---

① 欧洲共同体委员会第 2096/2005（2005）号，p.335/16。

② Stolzer et al.（2008），p.27。

③ 国际民航组织（ICAO）（2007），p.A6。

4.4.4　支柱 4：安全促进

为了促进健全的安全文化，组织机构必须不断追求安全卓越，把安全作为核心价值观予以提升[1]。组织机构应有明确的安排，确保安全总监和安全委员会（如安全保证小组或其他）以及一线管理人员所完成的工作会传达到所有参与相关活动的人员中（图 4.3）。为了促进系统的绩效提升，必须有效地进行经验教训的交流。

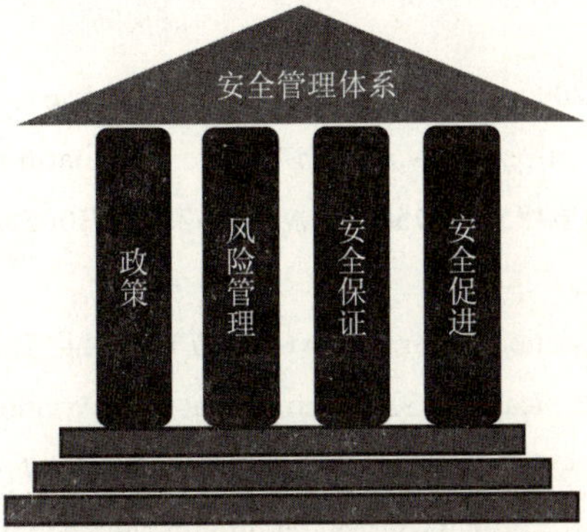

图 4.3　安全管理体系的四大支柱

资料来源：作者自绘。

参考文献

1.Bundesamt für Zivilluftfahrt（BAZL）.（2007）. *Voluntary reporting system*（*SWANS*）. Retrieved June 13，2013，from http://www.bazl.admin.ch/experten/luftfahrzeuge/03096/03099/index.html?lang=en.

2.Department of Transportation（DOT）Canada.（2002）. *Safety management systems for flight operations and aircraft maintenance organisations.* Canada: Department of Transportation（DOT）Canada.

3.Department of Transportation（DOT）Canada.（2004，September）. *TP14135E safety management systems for small aviation operations - A parctical guide to implementation.* Ottawa，ON，Canada: Department of Transportation（DOT）Canada.

4.European Aviation Safety Agency（EASA）.（2007，December 20）. *Position Paper on the*

① Stolzer et al.（2008），p.28。

compliance of EASA system and EU-OPS with ICAO Annex 6 safety management systems (SMS) standards and recommended practices for air operators.

5.European Aviation Safety Agency. (n.d.). *VARIOUS-The EASA acceptable means of compliance (AMCs)*. Retrieved April 04，2010，from www.easa.eu: http://www.easa.eu.int/ws_prod/r/r_faq_the5.php.

6.European Union. (2002，April 30). *ABKOMMEN zwischen der Europäischen Gemeinschaft und der Schweizerischen Eidgenossenschaft uber den Luftverkehr.*

7.European Union. (2008，August 2008). Commission Regulation (EC) No 859/2008 (OPS-1).

8.FAA (AFS-800). (2006，June 22). www.faa.gov. Retrieved May 2009，from Federal Aviation Administration: http://www.airweb.faa.gov/Regulatory_and_Guidance_Library/rgAdvisoryCircular.nsf/0/6485143D5EC81AAE8625719B0055C9E5? OpenDocument&Highlight=120-92.

9.International Civil Aviation Organisation (ICAO). (1944，December 7). *Convention on international civil aviation.* Chicago，USA: International Civil Aviation Organisation (ICAO).

10.International Civil Aviation Organisation (ICAO). (2007，December 7). *AN 12/51-07/74.* Retrieved March 2010，from www.icao.int:http://www.icao.int/SLED/2007/074e.pdf.

11.International Civil Aviation Organization (ICAO). (2009). ICAO safety management SARPs. In *Safery management manual* (2nd ed.). ICAO Doc. 9859. Montreal，QC，Canada: International Civil Aviation Organization (ICAO).

12.International Civil Aviation Organization (ICAO). (2010，November 18). *Annex 6 to the Convention on International Civil Aviation，Operation of Aircraft.* Montreal，QC，Canada: International Civil Aviation Organization (ICAO).

13.International Civil Aviation Organization (ICAO). (2013，November 03). *Annex 19，1st edition Executive summary.* Retrieved from International Civil Aviation Organization: http://www. icao.int/safety/SafetyManagement/Pages/Annex-19，-1st-Edition—Executive-summary.aspx.

14.James Reason，A. H. (2003). *Managing maintenance error.* Aldershot: Ashgate Publishing Ltd.

15.Müller，R.，& Schmid，O. (2009). Internationale und supranationale Organisationen. In R. Müller & A. Wittmer (Eds.)，*Auswirkungen supranationaler Regulierungen in der Luftfahrt* (pp. 26-27). St. Gallen: Dike Verlag AG.

16.Reason.J. (2004). *Managing the risks of organizational accidents.* Aldershot: Ashgate Publishing Ltd.

17.Stolzer. A. J.，Halford，C. D.，& Goglia，J. J. (2008). *Safety management systems in aviation.* Aldershot: Ashgate Publishing Ltd.

18.The Commission of the European Communities (EC) No 2096/2005. (2005，December 2005). Retrieved 06 20，2009，from www.eurocontrol.int: http://www.eurocontrol.int/ses/gallery/content/public/docs/pdf/ses/eudocuments/Regulation EC_2096-2005_Common_Requirements.pdf

第 5 章　风险管理的成本和收益

Andreas Wittmer

本章概述了以下内容：

· 从微观经济的角度看不同的风险来源
· 风险认知的冲突性质：管理者与股东
· 股东和利益相关方不同的风险认知
· 网络型产业的系统化风险
· 风险管理在可操作层面上的意义
· 实施和优化公司风险管理的成本和收益

5.1　引言

企业战略管理层的代表认为，风险管理会导致成本过高。事实上，如果考虑到风险管理所有的相关后果，就可以不理会这种看法了。这方面的一个例子来自拥有一家大型航空器大修和维修公司的创始人，该公司雇用了大约 5000 名员工，由于实施了风险管理，保险费用减少了 25%。在公司实施自己的风险管理流程之前，保险公司对该公司进行了风险评估，提出了包含 50 个风险的风险清单。在公司实施风险管理后，公司内部发现了 250 个风险，公司将其添加到风险清单中。这张风险清单证明该公司有能力认识到风险，并不断地衡量和减少风险，从而如上所述降低了 25% 的保险费用，真正增加了公司的价值。

风险与商业机会形影不离。不同的文献往往将风险与财务风险联系起来。最糟糕的情况是，如果一个风险成真，那么它将使公司处于现金短缺的状态。

企业风险管理是在董事会决定的细节层面上管理风险①。对细节的关注取决于董事会愿意为风险管理所分配的成本。在风险管理的初始阶段，一个主要的未知数是风险预防和管理能给公司带来多大的好处。

在现代金融理论中有许多关于风险的文献，这些文献都建立在风险/收益权衡、理性财富最大化和无套利原理三个理论基础之上②。我们是在金融文献这些基本原理的背景下来理解风险管理的。关于财务理论，本章的重点是关于风险/收益权衡的，与发生未确定的风险相比，通过实施一个简单的流程进行风险监控的成本并不很昂贵，而发生未确定的风险对一家公司来说是致命的。本章并不仅仅遵循财务原理，因此，不仅要从财务的角度来解决风险；在风险评估和风险管理中，业务风险、战略风险、结构风险和系统风险的作用也差不多。实施风险管理过程的一个问题是成本和收益，如果风险管理无成本——意味着允许企业没有任何成本即可降低风险——管理层会很细致地实现它，同时，这也降低了基于其责任的自身风险。由于风险管理是昂贵的，因此，必须找到最有效的方法来保持低交易成本，并限制资源的消耗，同时还要确保风险监控的结果是最大限度地降低了风险，这很重要③。

正如本章所理解的，风险是一种企业解决方案或思维方式，利用公司内部和外部的知识及各种措施，创造公司内部的风险情报。连续性的风险管理过程的目标是创造一种不利于风险的企业文化，从而为公司创造巨大的利益。在本

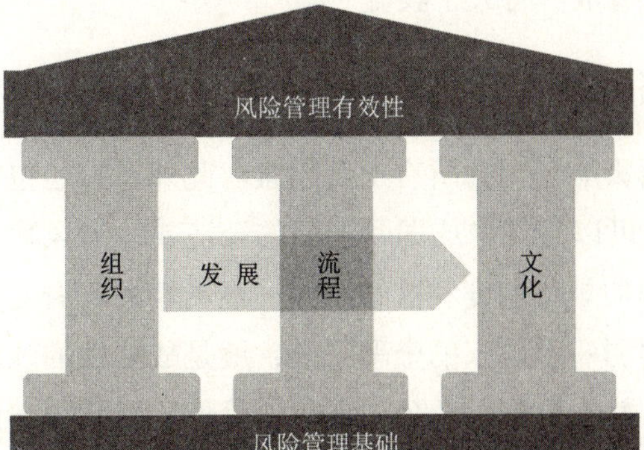

图 5.1 风险规避文化的发展历程

资料来源：Müller CFAC-HSG（2012）。

① FERMA 和 ECIIA（2010）。
② Fatemi 和 Luft（2002）。
③ Tufano（1996）.

书中，风险管理的关注点是航空业。图 5.1 重点突出了高效风险管理的发展过程。通过流程的制定形成一种文化，导致组织发生变化。

5.2 微观经济风险源

一般来说，根据其来源，企业风险可分为以下六种：业务或运营风险、战略风险、金融风险、结构风险、变革风险和系统性风险。每一类风险都会影响到公司的整体风险。风险的广度表明了风险管理的重要性，它已经影响到了所有的风险来源和水平，并表明了在一个航空组织中形成风险规避文化的重要性。以下各段说明了不同的风险来源。

5.2.1 业务风险（运营风险）

业务或运营风险对于公司来说至关重要，它包括技术的、分布式的和信息类的风险来源[①]。这些风险被认为会影响到企业的竞争定位。此外，这些风险主要为管理层所控制，管理层定期进行内部风险分析，然后选择正确的后续经营决策。如果一家公司存在运营风险，而管理层完全意识到了这些风险，那么公司就要瞄准竞争优势，从而获得财务上的回报。如果情况不是这样，就不值得冒这个险。如果企业不能为了自身的优势降低运营风险，他们则可能在市场上失败，因为这意味着成本将大于收益[②]。

5.2.2 战略风险

战略风险包括影响公司的所有宏观因素。此外，它还包括公司对于股东的价值[③]。战略风险可以是国内或国际层面的经济或政治风险。通常，国内经济事件的例子就是增加规章制度和监管结构。根本性的政府变革，例如，将一个国家纳入欧盟或削弱一个国家的金融安全，就是战略性的政治风险。这些风险通常是长期因素，并影响到一个公司多年的价值。因此，与业务或运营风险相比，战略风险因素具有更长期的导向性，在风险文化中认识到它们，有利于公司在其经济环境下创造出效益、保持可持续发展。

---

① Fatemi 和 Luft（2002）。
② Fatemi 和 Luft（2002）。
③ Fatemi 和 Luft（2002）。

5.2.3　金融风险

一般来说，由于利率（如飞机租赁费用）、商品价格（如燃油）、股权价格（如股票价格的发展、自己资产的价值）和汇率（如瑞士法郎对欧元的汇率）等的不利变化，会导致短期内出现金融风险。这些因素的不利变化会转化为公司和股东的实际损失。在最坏的情况下，这种影响会很快导致现金头寸的减少，尤其是航空公司，因为航空公司的利润很薄，很容易陷入债务。管理层可以利用金融工具来对付这种风险——这些金融工具本身也会产生其他风险。在航空业，一个通俗的例子是燃油的套期保值，在 2008 年之后这种方法被认为是失败的，当时燃油价格大幅下降，但由于其对冲合同，航空公司支付的燃料价格高于市场价格。

5.2.4　结构风险

结构风险与企业内部不同层级上的风险相关。最大的结构风险源于监事会的许多成员都是各自领域的专家（如财务、管理、市场营销等），但不幸的是，他们并不了解公司所处行业的特性。这种情况的典型例子是航空业，航空业受各种不同的规章制度限制，是一个由飞行员、管理人员、技术人员等组成的多元化的业务结构。航空公司的网络管理和收益管理，是一个人要想取得成功必须要具备的有关公司的特别重要的知识。航空业的薄利润率也会使董事会做出不同于其他行业的决策。这是一个利润率很低的行业，由于这些高风险，了解公司的结构风险对于公司的可持续生存是非常重要的。在许多情况下，虽然没有明确承认核心利益是公司可持续生存的根本，但造成成本的风险管理流程往往与某些特定的利益有关。

5.2.5　变革风险

变革风险是指当公司发生变化时所发生的风险。我们假设，一家空域管理公司改变了它的监管系统。这就存在一种风险，即从一开始，改变后的监管系统就不能正常工作，这将导致国家所有的机场被关闭，其监管空域内所有的飞机停飞。此外，市场总是在不断变化中，这就导致了企业会根据市场不断进行调整，因而面临着不断变化的企业风险。因此，必须具体处理每一项变革风险，对每一项改变过程都要进行风险评估，以便规划出备选方案，以防变革并未按计划进行。

5.2.6 系统性风险

系统性风险是在网络中出现的风险，这种网络或多或少具有某种形式，例如，非常正式的联盟。系统性风险有两种，即内部风险和外部风险。内部系统性风险涉及公司内部的结构性问题（结构性风险），它们出现的原因是某些常规做法造成了系统化的行为，并对可能包含风险的某些活动认识不足。例如，如果流程已成为常规做法，员工不愿意偏离既定程序，或者，监督委员会不优先考虑和分配必要的资源进行风险评估，那么，就会存在发生错误的系统性风险。

外部系统性风险指的是网络内部的依赖性风险，以及一般的环境风险和市场风险。诸如在网络中失去主要合作伙伴的风险，例如，全球联盟中的主要合作伙伴，就是由于对网络中的合作伙伴日益增长的依赖性而产生的风险。如果汉莎航空破产了，瑞士航空会怎么样？如果破产确实发生了，会有什么风险？这些问题涉及了只能由个别公司控制的外部风险。网络中存在的典型风险类型有[①]：

- 需求过低或需求不当
- 客户交付中出现的问题
- 成本管理和定价（收益管理）
- 资源、发展和灵活性上存在的弱点（例如航空公司的航线网络）

图 5.2 总结了两种类型的系统性风险。

联盟是航空业合作的一种常见形式，它们可以创造巨大的经济价值，甚至可能决定一些小公司的成败，但它也给联盟中的航空公司带来了风险。小型航空公司在联盟中面临着更高的风险水平，大公司通常能够通过联盟获得处于创业阶段、规模较小的公司的新技术或核心资源，而处于创业阶段规模较小的公司的长期成功实际上可能会被与大公司联盟所拖累[②]。

---

① Hallikas, Karvonen, Pulkkinen, Veli-Matti 和 Tuominen（2004）。

② Alvarez 和 Barney（2001）。

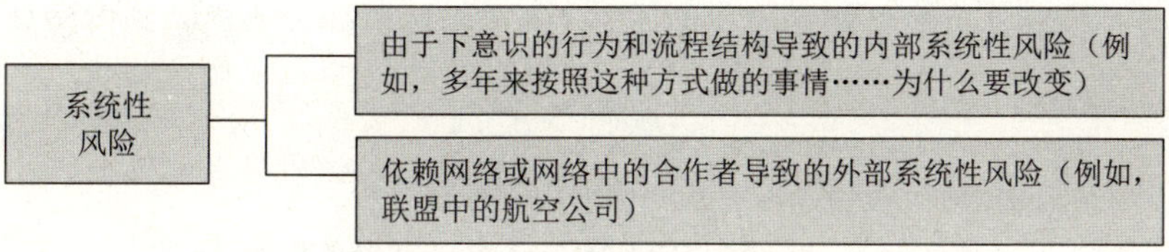

图 5.2　内部和外部系统性风险

Das 和 Teng（1996）讨论了联盟合作伙伴的关系风险和绩效风险。关系风险是指合作伙伴公司对联盟目标缺乏承诺的可能性带来的风险。他们的机会主义行为可能会对联盟的成功产生负面影响，因为他们把自己的利益置于联盟利益之上，牺牲了合作伙伴的利益[①]。这种机会主义行为包括逃避、扭曲信息，提供不令人满意的产品或服务，不正当地利用合作伙伴的资源，以及行事动机不明[②]。这会导致次优的结果[③,④,⑤]。绩效风险指的是，即使所有的合作伙伴都完全致力于联盟，联盟也可能出现失败的可能。尽管他们都尽了最大的努力，但导致这种失败的原因可能是内、外部因素共同作用的结果。外部因素可以是政府政策的变化、经济衰退和战争等环境因素。此外，还有市场因素，如需求波动和竞争激烈。内部因素可能是缺乏关键领域的胜任能力，或者只是常见的坏运气。绩效风险可能与大多数战略决策有关，而关系风险仅存在于联盟中[⑥,⑦]。例如，庞巴迪，在公务喷气机和小型客机领域的竞争中，其与多个国家的合作伙伴一起控制开发成本，从而分担了新飞机一半的生产成本。例如波音，也与罗·罗公司、普惠和通用电气等发动机生产商有类似交易，分担新飞机的风险和开发成本。这些与成本相关的风险显然是绩效风险，这是联盟中可能出现的关系风险之外的风险[⑧]。如前例所述[⑨,⑩,⑪,⑫,⑬]，风险（和 / 或费用）共担已被认

① Willianson（1993）.
② Das 和 Teng（1996）。
③ Parkhe（1993）.
④ Rugman（1982）.
⑤ Brouthers（1995）.
⑥ Das 和 Teng（1996）。
⑦ Ring 和 Ven（1994）。
⑧ Das 和 Teng（1996）。
⑨ Badaracco（1991）.
⑩ Kogut（1991）.
⑪ Murray 和 Mahon（1993）。
⑫ Oliver（1990）.
⑬ Powell（1987）.

为是进入此类联盟的重要动机。图 5.3 总结了联盟中的主要风险和资源的不同取向。

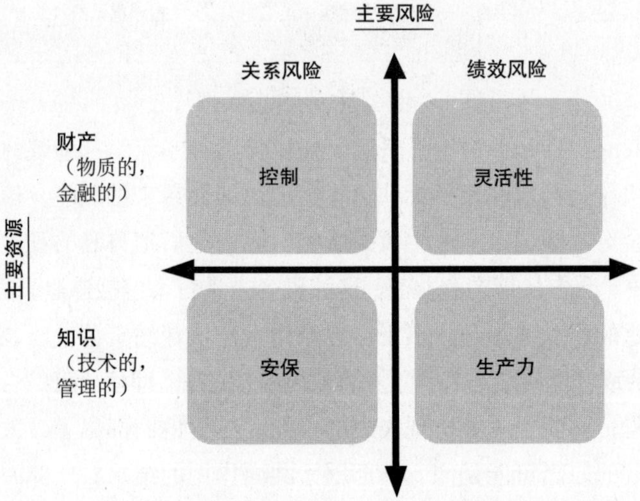

图 5.3　主要风险和资源的战略性联盟取向

资料来源：参考 Das 和 Teng（1996）。

如果对较大的合作伙伴进行不断的监控，可以减少联盟中规模较小公司的关系风险和绩效风险[①]。当与一个规模较大的合作伙伴结盟时，以下做法将会减少风险、增加对大公司的了解[②,③]：

- 对大公司进行履职调查
- 防止大公司过度侵占联盟的利益
- 保护自有的主要资源
- 与那些有管理人员能理解联盟成功必需条件的创业公司联盟
- 知悉联盟中存在的竞争问题（竞合）。竞争意识要与合作精神相结合
- 保持足够的灵活性，以尽量减少沉没成本，适应新的情况；如果联盟失败，收回更多的投资

---

① Das 和 Teng（1996）。

② Alvarez 和 Barney（2001）。

③ Das 和 Teng（1996）。

5.3　企业风险管理的成本因素

企业风险管理项目的目标必须是所有员工都有机会向企业提供企业所面临的风险清单。因此，最好首先确保，对于企业中所有参与的员工而不仅仅是高层管理人员来说，风险管理项目的目标都是明确的。此外，需要分配财务和时间资源，并经由最高管理者批准这些资源分配的方案，方可最终形成一个成功的项目。风险管理项目要列入董事会的议程，一旦如此，就需要为风险管理过程制订详细的项目计划以及具体的时间表。重要的是，较大的风险管理项目并不仅仅要与“较重要的”日常业务并行。最后但并非最不重要的是，项目控制必须要到位，以保证项目的质量、时间和预算分配。下面列出了一个通用的风险管理项目准则，将风险项目分为四个阶段实施（参见本书第 3 章）。

1. 第一阶段。组织：风险项目的规划和实施
2. 第二阶段。风险收集和评估：收集风险并形成报告
3. 第三阶段。风险减缓：调查、决策和文档记录
4. 第四阶段。持续改进和变更管理：内部和外部审计，以及安全培训

然而，风险管理项目可以以不同的方式在内部或外部实施。内部实施意味着项目由企业自己负责，企业要为项目设置一名风险管理员。外部实施意味着聘请风险顾问在企业执行和管理风险管理项目。图 5.4 总结了内部和外部不同的风险评估程序。

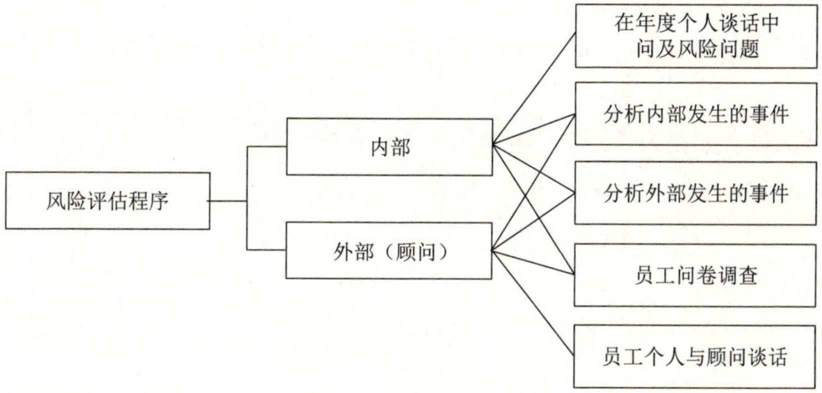

图 5.4　风险评估程序

5.3.1 内部风险管理

可以采用以下两个内部风险管理流程：一是在企业雇员与其主管进行年度个人谈话时，要求员工列出他们识别出来的企业存在的风险；二是向所有员工定期发出调查问卷，为主风险清单收集风险。这样，主风险清单在不断发生变化，并显示出当前员工所认为的最高风险。此外，对企业内部和外部发生的现有案例进行分析，也有助于识别风险，并提高对风险的敏感度。

以下总结了四种内部程序来高质量地确定风险：

- 管理层与员工年度谈话后确定风险
- 员工填写调查问卷
- 内部事件案例分析
- 外部事件案例分析

5.3.2 外部风险管理

外部风险管理程序不同于内部风险管理程序，其主要是外包给风险管理顾问。其目标在于，在评估自己的风险时，不仅要使用内部知识，还要考虑外部专家获自其他企业风险的相关知识。

对其他公司造成冲击的外部风险，也可能会打击到自己的公司，这就要求对其进行分析，以便从中吸取教训，改进自己的状态，减少这种风险。外部风险的确定方式与内部风险相同，但通常要有顾问参与，使用有价值的跨行业风险管理技能进行风险分析。

下面总结了几种不同的外部程序，以便做到高质量地确定风险：

- 通过与顾问的个人谈话来确定风险
- 顾问给员工的调查问卷（必要时匿名）
- 顾问对内部案例进行分析
- 顾问对外部案例进行分析
- 风险管理顾问带来的跨行业知识

5.4　风险管理成本

一些企业之所以没有全面进行风险管理，其中一个原因很可能在于资源的提供上。既然企业运行良好，探寻可能出现的风险近乎偏执，类似人每次打喷嚏都跑去看医生一样。正确的企业风险管理需要时间和金钱等形式的资源，而且必须将其提到董事会的高层议程上。

通常，实施企业风险管理的好处可以解释为减少了威胁组织的各种风险。然而，如果某一风险以前并未导致过危机，那么很难了解其带来的经济利益。例如，在航空公司的运营中，最大的风险之一就是因坠机损失飞机。这种损失可以通过金钱计算，但最重要的并不总是经济损失，也可能是公司形象受损。但是，航空公司的形象价值几何？没有一位经理会认为这无关紧要，但是没有任何经理能够用具体的金额数来表示公司形象的价值。因此，难以衡量公司形象的价值，同理，也很难衡量风险管理的价值。对于可能导致飞机坠毁的事故，目前正对行业进行相关立法和监管，即大部分安全管理流程必须各就其位。

计算风险成本比计算利益要简单一些。表 5.1 显示了第一年实施风险管理的成本。计算中包含了企业代表和外部顾问所花的时间（天数），分别以 20、100、250、500 和 1000 人及以上雇员的企业为例，以工作日进行计算。所提供的数字受到基于不同企业的不同复杂程度的某些波动性的影响，企业的不同复杂程度取决于他们所提供的具体产品，既包括作为航空业生产的供应商，也包括自身参与空中运行。本书采用 ±25% 以内波动率的数据，来解释不同的情况。此外，仅有企业风险管理活动被包含在天数的计算中，不包括内部控制系统和安全管理体系的成本。

表 5.1 显示了不同规模企业的风险管理成本。

表5.1　第一年实施风险管理的成本

职位	基于不同的公司规模需要的工作日				
	20 名员工	100 名员工	250 名员工	500 名员工	1000+ 名员工
第 1 阶段					
监事会	0.5	0.5	0.5	0.5	0.5
行政管理	1	1	2	3	4

续表

职位	基于不同的公司规模需要的工作日				
	20 名员工	100 名员工	250 名员工	500 名员工	1000+名员工
项目负责人	5	10	20	25	30
其他人员（行政管理、会计、外部专家）	2	4	7	10	15
第 2 阶段					
监事会	0.5	0.5	0.5	0.5	0.5
行政管理	1	1	2	3	4
项目负责人	2	3	4	6	10
其他人员（行政管理、会计、外部专家）	2	3	4	8	15
合计	**14**	**22**	**40**	**56**	**79**

表 5.2 显示了风险管理的不同时间投资，这取决于企业的规模，同时也基于作者的实际经验。此外，在实践中，小企业只做最低的投入来满足相关要求。之所以需要增加与企业规模相关的时间，其原因在于大企业具有的以下这些情况：

· 需要提交情况报告
· 需要将投资者关系纳入风险管理
· 需要办理保险
· 更复杂、产品组合更加多样化
· 需要通知、教育更多员工
· 创建企业风险文化面临着更大的困难

表 5.2 强调了持续进行风险管理所需的工作日天数。与新的规章制度、新的结构和新的市场情况相关的持续改进和调整，是非常重要的。同样，这些数字基于作者在实践中所获得的专业知识。第一年实施风险管理的过程与持续风险管理的过程的比较分析表明，在第一阶段和第二阶段，风险管理者比项目负责人付出的时间相对较少。其原因在于，项目负责人已经创建了所有的模板，

并在第一年中描述了风险管理流程，而风险管理经理必须在第二年和以后才能完成这一过程。附录列出了航空公司风险管理人员的工作描述。

表 5.2　第一年之后实施风险管理的成本

	基于不同的公司规模需要的工作日				
职位	20 名员工	100 名员工	250 名员工	500 名员工	1000+ 名员工
第 1 阶段					
监事会	0.5	0.5	2	3	3.5
行政管理	3	4	4.5	5	6
项目负责人	0	2	3	4	6
其他人员（行政管理、会计、外部专家）	0	1	3	4	5
第 2 阶段					
监事会	0	0.5	0.5	0.5	1
行政管理	1.5	2	4	6	8
项目负责人	0	3	6	8	10
其他人员（行政管理、会计、外部专家）	0	3	6	8	10
第 3 阶段					
监事会	0	0.5	0.5	1	2
行政管理	2	4	6	8	10
项目负责人	0	4	8	12	20
其他人员（行政管理、会计、外部专家）	1	5	10	20	30
第 4 阶段					
监事会	0	0.5	0.5	0.5	0.5
行政管理	2	4	6	8	10
项目负责人	0	3	7	10	15
其他人员（行政管理、会计、外部专家）	2	10	20	30	50
合计	**12**	**41**	**87**	**128**	**185**

5.5 总结

从微观和管理的角度来看，有不同的风险源在起作用。其中一种风险是系统性风险，这是航空业中最重要的风险。无论是航空业还是航空供应链，它都是一个依赖网络和部分依赖联盟的行业。企业内部存在与内部结构和行为有关的内部风险，以及外部风险，特别是对于大型网络或联盟中规模较小的合作伙伴来说，尤其如此。对于已进入网络的企业来说，确保它们已经掌握了关键知识，同时瞄准联盟的灵活性和生产力是很重要的。

在实施风险管理时，重要的是获得监督委员会对项目的支持，以及遵循明确的时间表，在风险项目中定期控制其绩效和金融资源。风险管理必须从一个初始项目转化为持续的风险评估。对于如何通过分配内部资源或聘请顾问来实现这一目标，有一些内部和外部的解决方案。

只要恰当的风险管理所阻止的企业危机未曾发生，那么就难以计算出风险管理导致的具体成本和产生的收益。实施和持续改进风险管理的成本起着重要的作用。根据企业的规模、复杂性、企业的业务架构和所处的行业，风险评估会或多或少地影响到金融资源。本章的一部分内容还对在公司建立合适的风险管理和长期的风险管理发展所需的时间进行了评估。从不同管理层的工作天数，可以分别估算出企业的成本。这是一个新的概念，应该有助于管理人员更好地规划风险管理流程。

附录：风险经理的职位描述范例

范例公司

航空公司风险管理人员的职位描述

1. 一般信息

职位名称	风险经理
任命	执行委员会
上级	首席执行官

续表

职位名称	风险经理
任职开始日期	2014 年 4 月 1 日
比例	30%
副手	首席财务官
下属	无
其他职责	质量主管
签字权	无
职位要求	检查所有商业文件的权利，向所有雇员通报的合法权利，直接向董事会主席报告

2. 职责

· 监控和优化风险管理流程

· 持续缓解范例企业的主要风险

· 确保足够的保险覆盖范围

3. 要求

· 社交和人际交往能力

· 独立、准确、结构化的工作方式

· 灵活且有弹性，以解决问题为导向

· 优化重点

· 对新观念和变化持开放态度

· 忠诚和谨慎

· 规划与组织能力

· 风险管理专家

· 风险管理基本培训

· 跨学科的理解能力

· 网络化的思考

· 组织优势

· 愿意参与正在进行的风险管理培训

4. 主要工作内容

· 风险分析

——准备年度风险分析（作为年度运行风险分析的一部分），提交给首席执行官和董事会

——不断识别风险，提出措施，并报告风险环境的重大变化

——确保在与员工进行年度面谈时，所有员工均被问及新的风险或更糟糕的风险

· 风险减缓措施的确定和监控

——准备风险减缓措施，提交给首席执行官和董事会（作为个体风险评估的一部分）

——与风险负责人协调沟通，并在必要时指导风险负责人

——监测风险负责人实施风险减缓措施的情况

· 准备提交给首席执行官和董事会的报告

——就关键风险的发展和风险减缓措施的现状，向首席执行官提交季度报告（风险雷达图作为季度报告的一部分）

——向董事会提交风险管理年度报告

· 风险管理功能与内部控制系统措施的协调

· 编制年度保险概要

· 就风险管理相关问题向首席执行官提出建议

5. 特殊任务

在与董事会磋商后，在职者可获得额外的特殊任务，特别是与具体项目相关的任务。

苏黎世…… ×××××××

在职者： 范例企业：

××× ×××

参考文献

1.Alvarez，S.，& Barney，J,（2001）. How entrepreneurial firms can benefit from alliances with large partners. *Academy of Management Executive*，i5（1），139-148.

2.Badaracco，J. J.（1991）. *The knowledge link: How firms compete through strategic alliances*. Boston: Harvard Business School Press.

3.Brouthers，K.（1995）. The influence of international risk on entry mode strategy in the computer software industry. *Management International Review*, 35（1）, 7-28.

4.Das, T., & Teng, B.（1996）. Risk types and inter-firm alliance structures. *Journal of Management Studies*, 33（6）.

5.Fatemi, A., & Luft, C.（2002）. Corporate risk management cost and benefits. *Global Finance Journal*, *13*, 29-38.

6.FERMA, & ECIIA.（2010）. *Monitoring the effectiveness of internal control, internal audit and risk management systems.* Guidance for boards and audit committees. Guidance on the 8th EU Company Law Directive. Article 41.

7.Hallikas, J., Karvonen, I., Pulkkinen, U., Veli-Matti, V., & Tuominen, M.（2004）. Risk management processes in supplier networks. *International Journal of Production Economics*, *90*, 47-58.

8.Kogut, B.（1991）. Joint ventures and the option to expand and acquire. *Management Science*, *37*, 19-33.

9.Müller, R.（2012, June 3）. *Meeting*（C. Drax, Interviewer）.

10.Murray, E., & Mahon, J.（1993）. Strategic alliances: Gateway to the new Europe? *Long Range Planning*, 26（4）, 102-11.

11.Oliver, C.（1990）. Determinants of interorganizational relationships: Integration and future directions. *Academy of Management Review*, 15, 241-65.

12.Parkhe, A.（1993）. Strategic alliance structuring: A game theory and transaction cost examination of interfirm cooperation. *Academy of Management Journal*, *36*, 794-829.

13.Powell.W.（1987）. Hybrid organizational arrangements. *California Management Review*, *30*, 67-87.

14.Ring, P., & Ven, A. V.（1994）. Developmental processes of cooperative interorganizational relationships. *Academy of Management Review*, 19, 90-118.

15.Rugman, A. M.（1982）. Internalization and non-equity forms of international involvement. In A. Rugman（Ed.）, *New theories of the multinational enterprise.* New York: St. Martin's.

16.Tufano, P.（1996）. Who manages risk? An empirical examination of risk management practices in the gold mining industry. *The Journal of Finance*, *51*（4）, 1097–1137.

17.Wiilianson, O.（1993）. Opportunism and its critics. *Managerial and Decision Economics*, *14*, 97-107.

第6章 安全管理体系一体化组成部分的可操作化的风险管理

Roland Müller 和 Christopher Drax

可操作化的风险管理是安全管理体系的核心部分，必须进一步进行阐述。本章提供了以下概述内容：

· 危险源的识别

· 可操作化的安全风险

6.1 危险识别

危险识别是安全管理中的基本活动，每个风险分析均是从危险识别这一过程开始的，其目的是识别出任何可能造成人员伤害、设备或结构损坏、材料损失或执行规定功能的能力降低的情况。这也特别包括可能以不安全的方式操作飞机或放行不适航的飞机的任何情况。进行危险识别是为了查明企业组织系统和运作环境中的危险，并协助控制这些危险源①。这一过程可以通过诸如飞行数据监测等内部报告的方式来实施，包括对特定操作和业务流程的持续监测。对于安全运行来说，至关重要的是对操作功能和流程进行持续评估，以应对积极安全管理的各种变化。安全管理的核心过程是定期进行安全评估，以便及时跟踪趋势和变化，为维护系统的安全健康提供必要的信息②。

航空运营人对危险源识别的传统做法只侧重于对操作领域的监测和评估，这些领域包括趋势分析和飞机运行的安全相关事件。该方法被称为被动反应型

---

① Skybrary（2009）.

② 国际民航组织（ICAO）（2009），pp.4.4-4.6。

方法，因为运行数据是用来了解环境、设备状况和文化环境的，其目的在于识别出危险源。仅仅是被动反应型的，且只应对事故和事故征候，这是一个企业航空安全系统中关于缺陷的明确指标[①]。

现代危险识别的重点是针对流程分析，发现薄弱环节，以及识别出潜在的失效情况，其总的目标是在它演变成事故征候甚至是事故之前，修复或消除这些薄弱环节[②]。这种新思维是对危险和风险分析的一种积极主动的识别方法。在日常运营中，要想了解危险和相关风险，企业必须努力最小化这些危险的条件，并积极主动地做出响应。这可以通过分析流程、条件、工作环境等来达到提高整体安全水平的目的。这些流程和条件包括可能促成运行事故的诸如培训、预算编制、规划、市场营销、程序和组织因素等。在这里，很明显，危险识别应该被视为一个核心的业务功能，而不是一个额外的管理任务。

对于一个企业来说，使其从被动的文化转变为积极的报告文化，在演变成灾难性的事件之前每个人都积极地试图解决与安全相关的问题[③]，这是根本性的一步。要实现高质量的安全目标，就要通过额外的预测型方法，该方法要求保密性的报告系统监测实时飞行数据，并提供可能识别出未来问题的信息。为了将风险降至可接受的水平[④]，这里的重点是要持续关注新出现的安全风险以及如何进行干预。

将被动反应型、积极主动型和预测型方法结合起来的方法，将能有效识别危险，并将为风险管理提供基本信息。

6.2 可操作化的安全风险

由于一个危险可能会导致任何不利后果的情况或条件，所以，航空业的危险源范围是很广泛的。

图 6.1 的列表提供了一些危险源的示例：

---

① Stolzer, Halford 和 Goglia（2008），pp.120-121。

② Stolzer et al.（2008），p.121.

③ 加拿大运输部（DOT）（2002），p.32。

④ 国际民航组织（ICAO）（2008）。

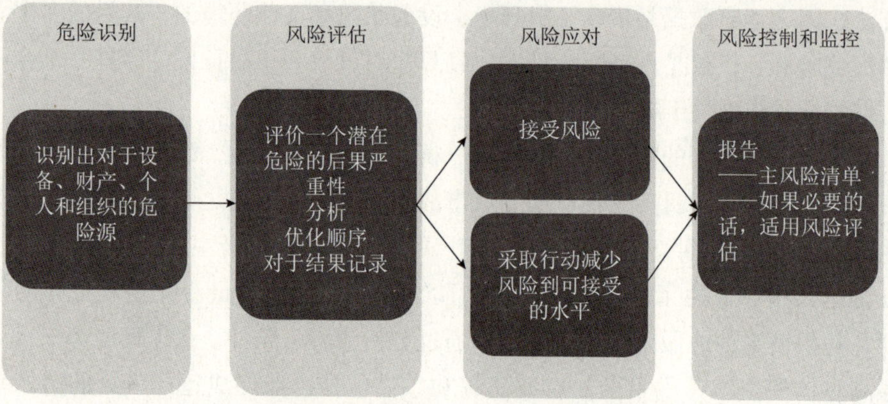

图 6.1 可操作化的风险管理流程

资料来源：参考自各种来源资料（ARMS 工作组，2007—2010；Skybrary，2013）。

· 设备或任务设计
· 程序和操作实践
· 沟通
· 人的因素
· 组织因素
· 工作环境因素

可操作化的风险管理是识别、分析和消除这些危险，以及随后的风险，这些会威胁到一个组织的生存。

风险管理的首要目标是避免危险源。对所有重大危险源开展主动识别和控制是非常重要的。成功的运行取决于危险源管理计划的有效性。图 6.1 说明了风险管理流程①。

下面的示例清楚地澄清了企业风险管理和安全管理体系之间的差异，以帮助大家进行理解。

四名飞行员成立了一家公务航空公司，希望以商业的模式运行他们的飞机。根据国家要求，在第一年度购置飞机的财务报表中，他们必须拿出有效的风险管理措施。同时，他们还拥有自己的航空运行中心，但被要求为公司实施安全管理体系，尤其是要关注公司可操作化的和组织化的方面。

四名飞行员在公司中的股份是均等的，但是首席财务官拥有单一的签名

① Skybrary（2010）.

权，因为他们决定加快签字流程并信任他们的合作伙伴。这一事实说明了公司管理中一个常见的错误，即完全忽视了风险管理。

两年后，首席财务官侵占账目，公司不得不宣布破产。如何避免这种情况，以及如何识别出风险？

企业风险管理融入了整个组织，包括客户和管理，并对企业风险及其缓解措施进行了深入分析，以便在良好的经济基础上管理运行。在这一阶段，安全管理体系的做法不会将上述风险纳入。在披露年度财务报表时，一家购买飞机的公司必须要清楚地展示其企业风险管理措施，而航空运行则需要实施安全管理体系[①]。

参考文献

1.ARMS Working Group.（2007-2010）. *The ARMS methodology for operational risk assessment in aviation organisations.*

2.Department of Transportation（DOT）Canada.（2002）. *Safety management systems for flight operations and aircraft maintenance organisations.* Canada: Department of Transportation（DOT）Canada.

3.International Civil Aviation Organisation（ICAO）.（2008，November 15）. *Safety management systems（SMS）course module 4 hazards.* Retrieved July 24，2009，from International Civil Aviation Organisation:

http://www.icao.int/anb/safetymanagement/training/training.html.

4.International Civil Aviation Organisation（ICAO）.（2009）. *ICAO Doc 9859，Safety Management Manual（SMM）*. Montréal，QC，Canada: International Civil Aviation Organisation（ICAO）.

5.Skybrary.（2009，April 20）. *Hazard identification.* Retrieved June 8，2009，from Skybrary: http:// www.skybrary.aero/index.php/Hazard_Identification.

6.Skybrary.（2010）. *Risk management.* Retrieved April 2011，from Skybrary:

http://www.skybrary.aero/index.php/Risk_Management.

7.Skybrary.（2013），*Risk management.* Retrieved from Skybrary:

http://www.skybrary.aero/index. php/Risk_Management.

8.Stolzer，A. J.，Halford，C.D.，& Goglia，J. J.（2008）. *Safety management systems in aviation.* Aldershot: Ashgate Publishing Ltd.

---

① 自身案例。

第 7 章　管理影响

Roland Müller 和 Christopher Drax

航空业务是管理者所能想到的最严酷的商业环境之一，紧张的利润率、频繁的商业周期、政府的监管、安全的各项要求，以及与世界经济的直接相互依存，这些还只是导致高层管理人员头疼的几个因素而已。在这种环境下运作企业，我们需要正确的管理策略和技能。

本章概述：

- 公司治理
- 内部控制系统以及与不同标准之间的连接
- 生产与保护之间的平衡行为

7.1　企业治理

企业治理涉及企业内部的不同领域，它定义了领导力、管理和监督企业的过程、结构和框架①。

成功的企业具有相对不成功企业的典型相似性，其关键领域包括一个有效的、称职的董事会和一位管理技巧熟练的首席执行官，董事会具有明确的职责，首席执行官有能力以正直诚信的态度并充满活力地来经营业务。此外，为了在市场环境中竞争并以一种与众不同的方式满足顾客的期望，必须要利用适当的资源有效地执行商业概念并赢利。此外，蓬勃发展的企业应使用正确的工具和系统，以确保流程的有效执行，并遵守适用的法律和法规②。

---

① Topfer（2007），p.213.

② Colley, Stettinius, Doyle 和 Logan（2005），p.4。

企业治理有三个主要的目标：

1. 在内容方面，对企业内所有重要的业务流程建立起及时的准备和**分发信息**，使其能够跨越所有决策级别到达管理层。

2. 确保所有基本的流程、决策和结果具有**透明度**，以便为所有的利益相关方清楚地说明其中的情况。

3. 通过咨询委员会的**控制**确保企业不违反法律或道德守则，并确保所有由股东作出的决定得到执行。

图 7.1 说明了企业治理的主要目标。

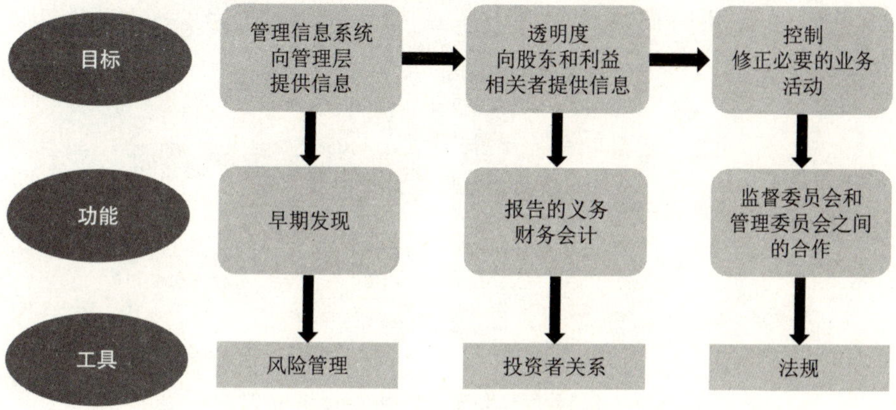

图 7.1　企业治理的主要目标

资料来源：Töpfer（2007）。

当在研究董事会的构成时，航空业的企业治理并非特别主要的目标。例如，欧洲航空安全局、BAZL 等官方已将航空运输的结构规则和法规设置到位，航空承运人运行中心持有人必须遵守。这些法规已经包含了针对管理层领导力的透明度、控制和信息系统的准则[①]。

7.2　内部控制系统

在企业治理的背景下，全面的风险管理必须与航空业务中的可操作化的风

---

① Jermann（2011），p.13.

险管理区分开来。因此，如果要在企业治理的意义上采取全面的做法，就可以说是企业风险管理。企业风险管理的一部分是内部控制系统，内部控制系统是主要的管理工具之一，反虚假财务报告委员会下属的发起人委员会将其界定为一个受组织结构、工作和权力流、人员和管理信息系统而影响的过程，旨在帮助组织机构实现特定的目标或目的①。

航空业面临的挑战是将企业治理风险管理与安全管理体系相结合。安全管理体系包括基于国际民航组织标准和建议做法之上的危险源识别过程。成功的航空企业的经验认为，安全管理体系应该基于企业风险管理，而不触及内部控制的各个方面，如图 7.2 所示②。

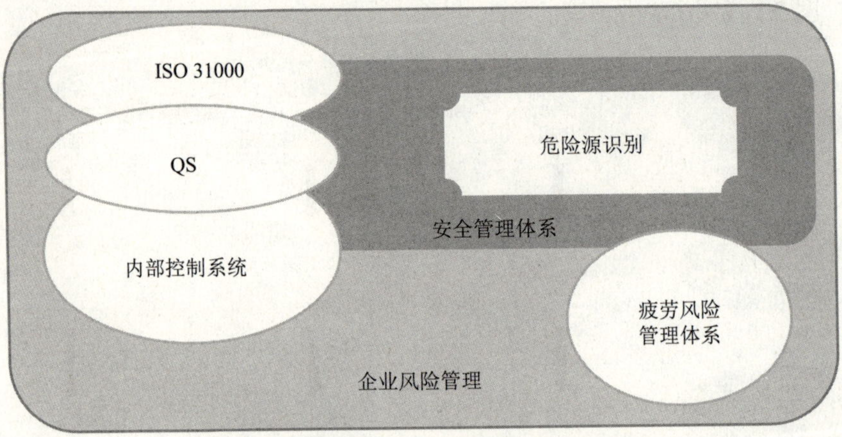

图 7.2 风险管理和安全管理体系之间的联通

资料来源：作者自绘。

圣加伦大学领导力和人力资源管理学院的 I.FPM 企业治理中心的研究表明，管理委员会所犯的主要错误之一是存在不足或根本就没有风险管理，这就是风险管理在企业治理领域中为什么具有重要意义的原因③。在董事会层面上，十个最常见和最主要的错误和缺陷为：

在董事会层面上的挑战和缺陷④

1. 董事会的资质令人不满意，特别是与非执行董事缺乏相联系的董事

---

① 反对虚假财务报告委员会的发起组织委员会（2004）。

② Müller（2012）.

③ Müller, Lipp 和 Plüss（2007）。

④ Kalia 和 Müller（2006），p.15。

长的职能，以及董事会不正确的架构。

2. 董事会成员糟糕的准备工作和大局观的缺乏。

3. 因内部法规不完善而影响董事会决策的利益冲突。

4. 缺乏明确的战略和战略控制。

5. 不存在或低效的风险管理，特别是在流动性规划或法规遵从性方面。

6. 由于董事会会议召开的频率较低，董事会对变化的反应非常被动，缺乏采取主动积极的措施。

7. 无法令人满意地提供信息和信息评估，特别是向董事会提交的信息报告不足或延迟。

8. 决策差或者拖延，尤其是决策文件不完整的情况。

9. 执行管理层和董事会之间缺乏合作，特别是缺乏明确界定的责任。

10. 没有对执行管理层和董事会成员进行评价；效率低下的管理者和董事会成员被替换得太晚。

7.3　平衡行为、生产 VS 保护

面对生产和保护之间的问题，管理层不断面临着“管理困境”（图 7.3）。

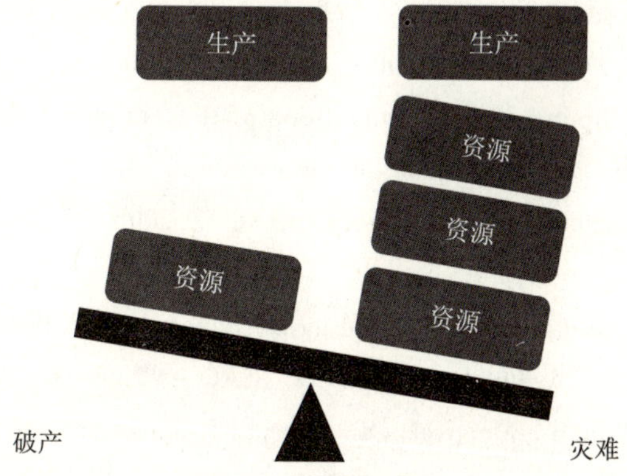

图 7.3　管理困境

资料来源：国际公务航空协会（2008）第 15 页。

商业竞争环境对总体的成本基础造成了很大的压力。保持安全的状态经常被认为是航空官方强加的一个昂贵的、无形的和永无止境的义务，而且没有明确的投资回报率。

保护和生产目标之间存在着固有的冲突。一方面，整体保护（安全）必须

维持在一个较高的水平，以避免任何灾难性的事件；另一方面，生产目标也必须保持一个高标准，以避免破产。虽然生产方面通常得到很好的理解，其相关的流程是相对透明的，但是保护功能更加多样化、更加微妙①。由于生产产生了对保护来说至关重要的资源，因此，它的需求在一个组织中将始终得到优先考虑。航空运营人总是以生产目标为驱动，其生产目标主要是及时和有效地提供服务。这一目标常常与可操作化的安全考虑相抵触，因为无论天气情况或机场限制条件如何，在某一特定时间降落在某一特定机场满足航班表的需要往往是优先事项②。通常，这种亏本经营没有负面影响，也不会产生负面结果，并且可以成为日常运行和日常工作惯例中的常见做法。不幸的是，习惯了降低系统安全的裕度，就会造成事故各项因素的集合日益脆弱③。但是，考虑到结果，我们必须承认，事故、事故征候，甚至是单一的安全违规行为都有可能会危及员工的生命、损害客户关系，更不用说损害名誉和在公司内部的士气。安全管理中的平衡法就是在服务和产品的生产，以及人力、财力和技术资源的保护之间找到完美的平衡。

参考文献

1.Colley，J.，Stettinius，W.，Doyle，J.，& Logan，G.（2005）. *What is corporate governance?* New York，NY：McGraw-Hill.

2.Committee of Sponsoring Organizations of the Treadway Commission.（2004，September）. *Enter-prise risk management -Integrated framework.*

3.International Business Aviation council（IBAC）.（2008，November）. *SMS guidance manual.*

Montreal，QC，Canada：International Business Aviation council（IBAC）.

4.International Civil Aviation Organisation（ICAO）.（2009）. *ICAO Doc 9859*，*Safety Management Manual*（*SMM*）. Montréal，QC，Canada：International Civil Aviation Organisation（ICAO）.

5.Jermann，P.（2011）. *Aviation governance.* St. Gallen：University of St. Gallen.

6.Kalia，V.，& Müller，R.（2006）. *Risk management at board level.* St. Gallen：Haupt.

---

① Reason（2004），pp.3-5.

② 国际民航组织（ICAO）（2009），pp.14-17。

③ Reason（2004），p.6.

7.Müller，R.（2012，June 3）. *Meeting*（C. Drax，Interviewer）.

8.Müller，R.，Lipp，L.，& Plüss，A.（2007）. *Der Vei'waltungsrat.* Zürich：Schulthess Verlag.

9.Reason，J.（2004）. *Managing the risks of organizational accidents.* Aldershot：Ashgate Publishing Limited.

10.Töpfer，D. A.（2007）. *Betriebswirtschaftslehre：Anwendungs-Und Prozessorientierte Grundlagen.* Heidelberg：Springer.

第三篇

风险与安全管理的现实意义

第 8 章　风险与安全管理系统的实践研究

Andreas Wittmer 和 Christopher Drax

8.1　引言

在 2012 年、2013 年冬季，我们开展了风险管理调查，目的是深入了解企业的风险管理程序，以及这些程序在航空企业和组织里面实施的具体情况。这项调查是通过在线实施的，主要分发给了瑞士的小、中和大型航空企业，一共有 27 家公司参加了抽样调查。这是一个深入了解企业风险管理具体实施水平的小样本，所以我们无法提供统计学上具有显著意义和具有完全代表性的结论。这次调查主要是按照一种定性研究的方法来完成的，研究发现，调查结果与研究人员的期望一致，这为今后进一步地讨论和研究提供了有效的基础。

8.2　研究发现

这次调查分析显示，在来自员工人数超过 500 人的组织机构中，几乎一半的受访者表示该组织已经实行了风险管理。少于 50 名员工的小公司代表不足，只有 15%。然而，针对较小公司的研究仍然是一个非常有意思的领域，因为大部分的法律规章是专门为较大的组织机构制定的，小型组织也正在努力实施和监测合规的管理系统。

在组织内受访者的职能至少是中、高层管理人员。此外，至少 85% 的受访者持有一个学位。

一个有趣的发现是，大约 60% 的受访者在其组织内实施双重职能，这意味着他们在其组织内负责至少两个不同的领域。

接受这次调查的组织中，只有 41% 表示，他们聘用了一位风险管理经理。

这导致我们产生了以下假设：在一些组织中，风险管理仍然是一个辅助功能，不需要在本组织内专门设立一个职位，因此也不能正确地实施此项职能。

通常情况下，一位专职的风险管理负责人支持的行政管理层，将会参与企业的风险管理，并将承担整体责任和具有风险管理流程的权力。这次研究调查显示，只有 60% 的组织将其行政管理融入他们的企业风险管理中。此外，只有 33% 的受访组织设置了特定的风险管理委员会，共同评估和缓解本组织所存在的风险。此外，关于审计委员会参与的问题，受访组织 22% 的较低占比表明，企业风险管理没有被定期监测以判断其有效性或是否合规。

组织内部每一位员工个人识别出风险，这对于安全风险的整体暴露是至关重要的。尽管如此，30% 的受访组织还未实施过对于所有员工的调查，以揭示其组织和流程内固有的安全风险。相反，这次调查表明，组织为安全管理体系使用了各种类型的数据 / 信息源，如可操作化的因素、飞行数据和航空安全报告等。

当我们仔细关注企业风险管理和其他管理系统之间的连接时，绝大多数组织将企业风险管理与他们的安全管理体系相互连接。近一半的受访者认同其和质量管理系统的连接，只有 22% 的受访者将其连接到组织内部控制系统，同时，仍然有 19% 的组织将风险管理作为一个独立的流程，没有进一步连接到其他管理系统。

即使上述分析从稳健风险管理流程的角度看不是那么理想，但仍有 89% 的受访者将他们安全运行水平分类为“不错”到“极佳”的范围内，60% 的受访者将他们的安全运行水平分类为“极佳”。

为了达到这种“极佳”的安全运行水平，并且有效地管理和改进他们的安全管理体系，组织都依赖行业具体的信息和指导。绝大多数组织遵循民航局的指导准则和 / 或直接使用国际民航组织的安全管理体系框架，这些准则和框架表明，最好的行业实践和规章制度限制为安全管理体系获取信息最常用的标准。44% 的组织将研讨会作为信息的来源，而只有 25% 的组织依靠咨询师的专门知识。研讨会的重要性在于，在业内共享安全相关的信息是改进每个组织安全管理体系的常用方法。

此外，大多数组织会利用内部开发的工具或购买软件来帮助他们实施、监测和运行安全管理体系。安全政策是在安全管理手册中最不具备挑战性的实施模块。相比之下，42.3% 的受访者认为，安全风险管理模块是最具挑战性的。这也符合近期在行业论坛和工作坊对此的讨论情况。运营人日益面临着以下挑战：识别和妥善管理在其组织和运行过程和环境中所出现的风险问题。大约20%的组织表示，在实施安全管理体系四个模块的过程中没有遇到任何挑战。平均而言，受访者估计他们对于安全和风险管理的支出总额在其收入总额中占2.4%左右。

8.3 结果

绝大多数受访者来自大型组织或某一个组织下属实行风险管理的部门机构（员工也超过500名）。约70%的受访者来自规模超过250名员工的组织，对他们的访问调查显示，其回答主要是围绕着更复杂的组织结构和组织挑战进行的。小型组织仅有15%的受访者（图8.1）。

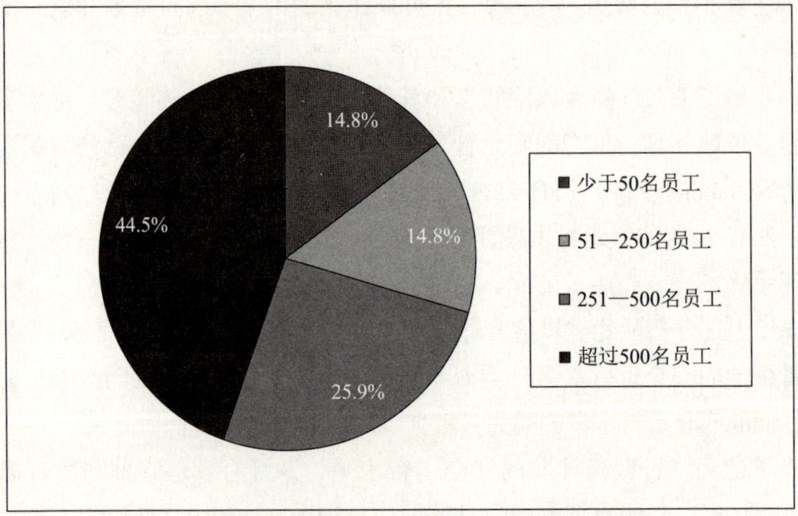

图8.1 您组织的规模是什么（实行风险管理的组织规模）

受教育水平显示，受访者的学位是高度集中的，约85%的受访者至少具有本科或研究生学历（图8.2）。

这项调查的受访者从事以下岗位职能，遍布从中层管理到高层管理人员之间的范围。

· 机长
· 2名安全管理负责人
· 首席执行官

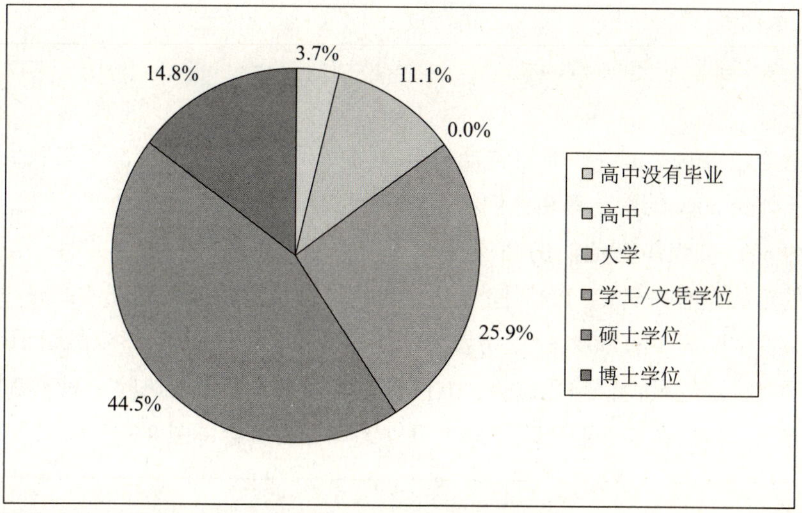

图 8.2　您接受过的最高教育水平是什么

- 董事会主席
- 总工程师
- 首席运营官
- 负责飞行训练的机长
- 首席战略官
- 副总裁
- 负责企业安全政策、规划和安全管理体系审核的总监
- 安全发展和支持部门的领导
- 安全负责人
- 维修经理
- 董事总经理
- 董事会成员
- 国家航空导航服务提供商
- 项目协调员、飞机维修工程师安全管理体系教员
- 安全和环境合规经理
- 安全负责人
- 安全项目协调员
- 高级总监
- 机型教员

· 承销商
· 负责欧盟事务的副总裁

三分之二的受访者在他们各自的组织内负责风险管理工作。正如我们所期望的，至少 60% 的受访者在他们的组织内担负双重职能。

约 60% 的组织在他们的高层行政管理中融入了风险管理，并且，至少有 41% 的组织设有一名专门的风险经理，这位经理负责验证问题三的回答，在所有的回答中，至少有 60% 的受访者表示担负双重职能。只有 33% 的组织表示，他们设有特定的风险管理委员会，共同评估和缓解本组织的风险；只有 22% 的组织表示，他们在其企业风险管理中设立了审计委员会（图 8.3）。

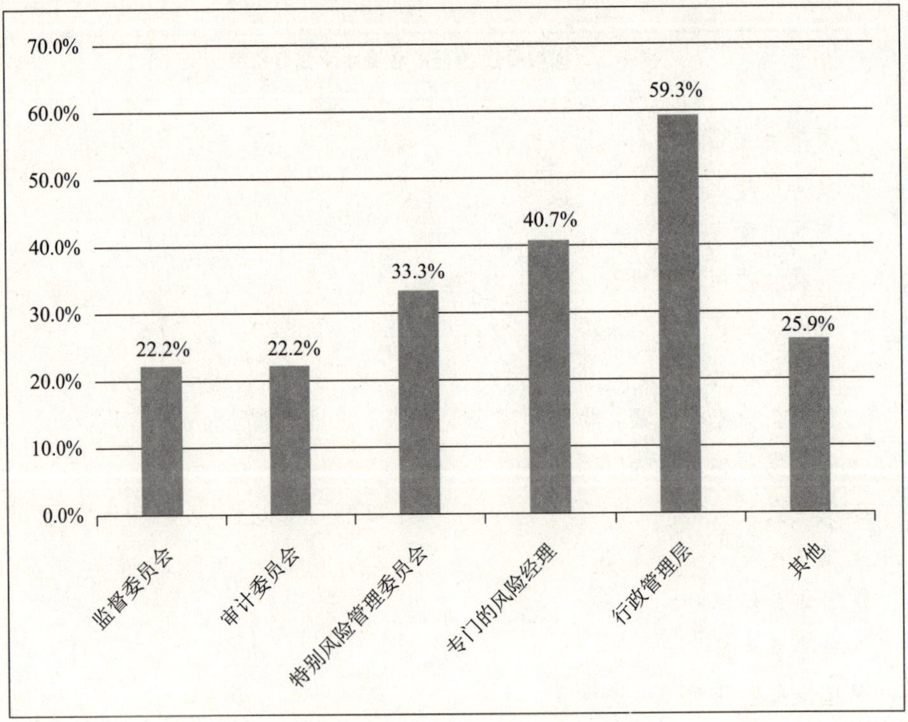

图 8.3 谁在参与您企业的风险管理

70% 的组织表示，他们在组织内至少实施了一次有关安全和风险的民意调查。然而，30% 的组织仍然没有进行过一次关于安全风险的民意调查，尽管这是整个组织内进行风险识别的关键（图 8.4）。

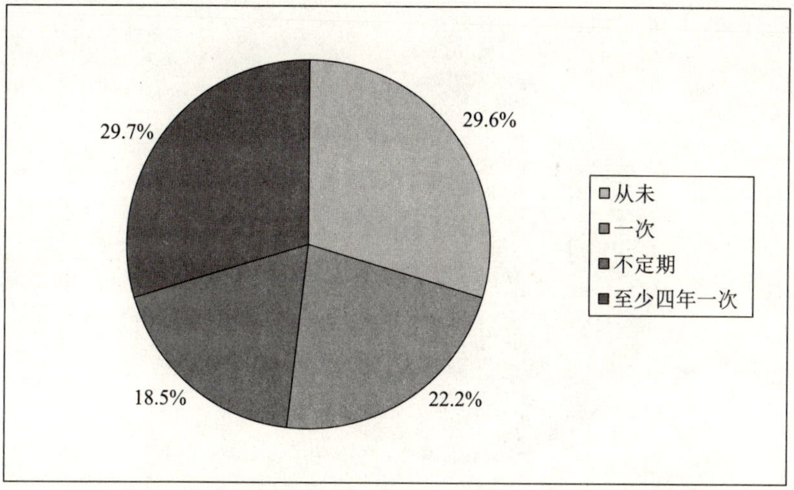

图 8.4 您是否在企业对全体员工进行过关于安全和风险的民意调查

正如作者所预期的，绝大多数组织把他们风险管理与安全管理连接在一起，近一半的组织把它连接到了质量管理体系之中。经验证据表明：有一些企业没有将其连接到其他管理系统。这一事实表明，我们仍然需要在实施中进一步努力，在管理系统间建立起彼此的联系（图 8.5）。

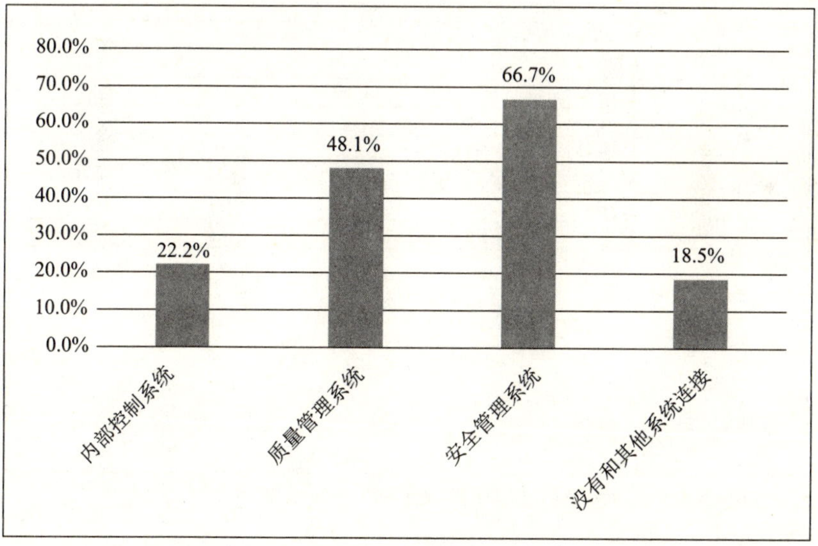

图 8.5 您把企业风险管理与其他系统连接起来了吗

89% 的受访者把他们当前的安全水平分类为——“相当不错”到“极佳”的范围，甚至 60% 的受访者认为他们当前的安全水平是“极佳”的（图 8.6）。

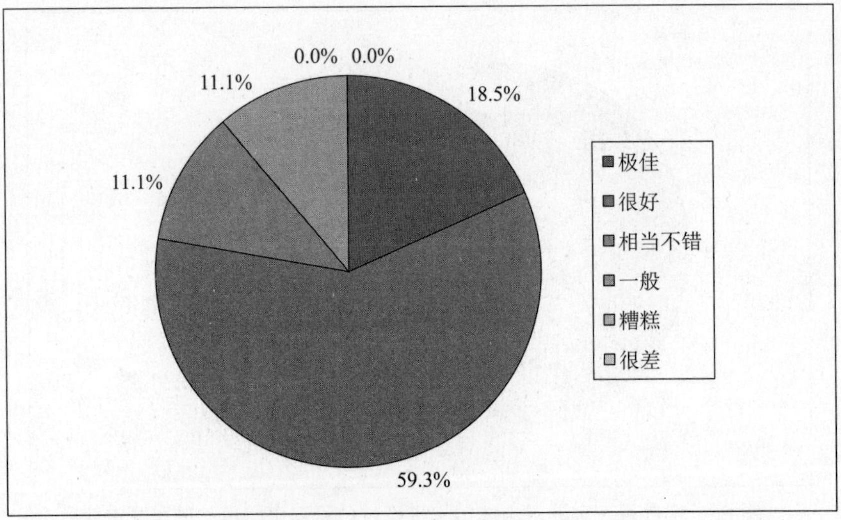

图 8.6　有关运行情况，您个人是如何分类贵公司内当前的安全水平的

下述回答表明，最好的行业实践和规章制度限制是安全管理体系获取信息最常用的标准。开放式的回答选项也显示，行业内安全信息的共享是改进每个组织安全管理体系的常用方法（图 8.7）。

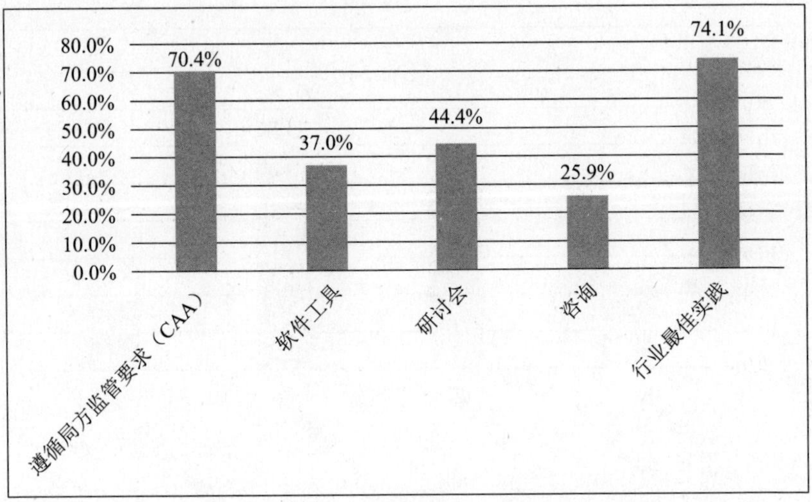

图 8.7　为了改善您的安全管理体系，您是从哪里获得相关信息的

绝大多数组织在他们的安全和 / 或风险政策中都有具体的和明确的战略目标；几乎所有的组织都在一个具体的政策里面记录了战略目标（图 8.8）。

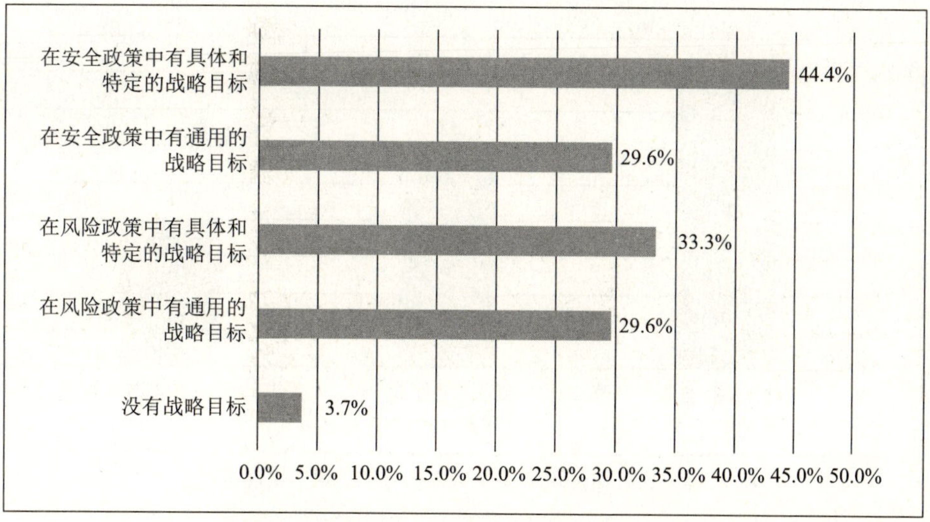

图 8.8　您是否有风险管理和安全管理的战略目标

这项调查研究还表明，不同的组织使用各种类型的数据 / 信息源，用于改进安全管理体系（图 8.9）。

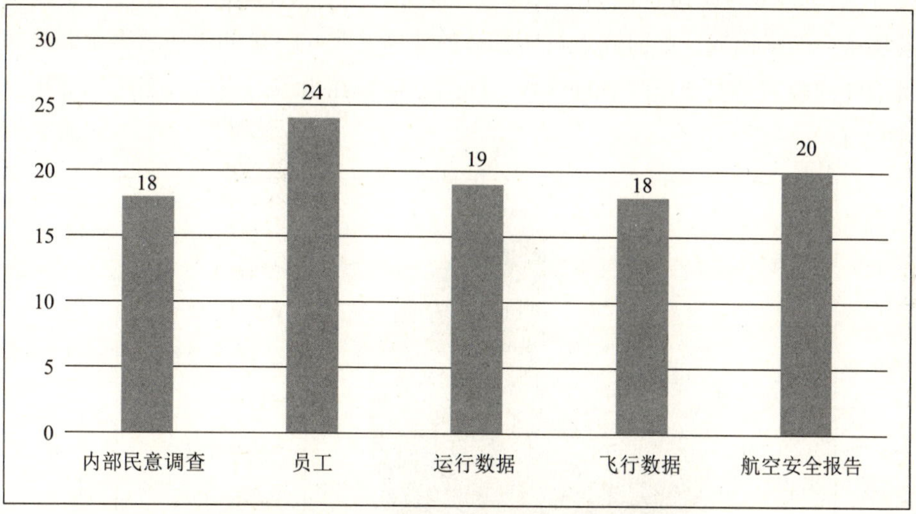

图 8.9　您的安全管理体系的数据 / 信息来源有哪些

绝大多数组织使用自行开发的工具，或购买软件来帮助他们实施、监测和运行组织安全管理体系。27 个组织中只有 8 个使用外部咨询顾问来帮助他们实施安全管理体系。这导致一个有趣的问题：安全管理在市场中是否存在咨询服务的适当可用性（图 8.10）？

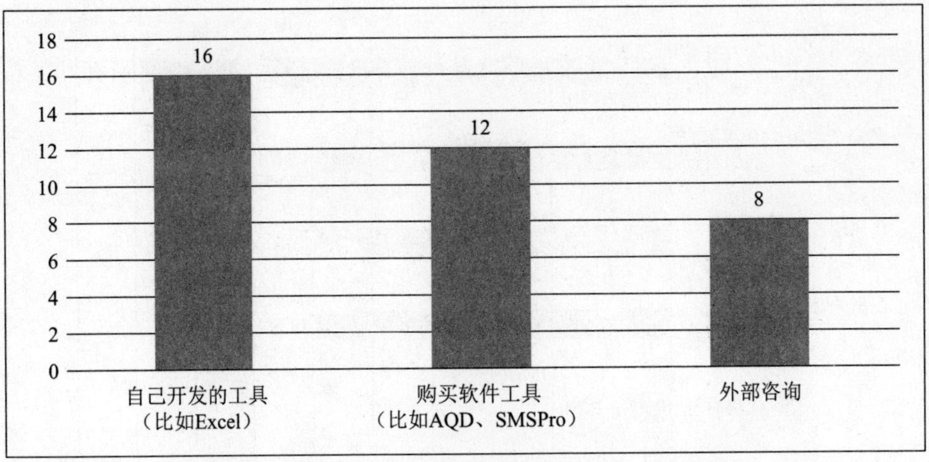

图 8.10 您公司使用的安全管理体系的工具 / 建议是什么

以下问题透露了组织实施安全管理体系不同模块方面有意思的事实。它证明了：安全政策模块是最容易实施的，这表明对于大部分受访者而言，在实施过程中编写一套静态的手册和政策不是一个真正的挑战。然而，相当有趣的是，大约 20% 的受访者认为，安全管理体系中的四个模块没有任何一个模块的实施会带来挑战。如研究人员所预计的那样，有 42.3% 的受访者表示，最具挑战性的模块是安全风险管理模块，因为它需要在组织内连接许多不同的接口（图 8.11）。

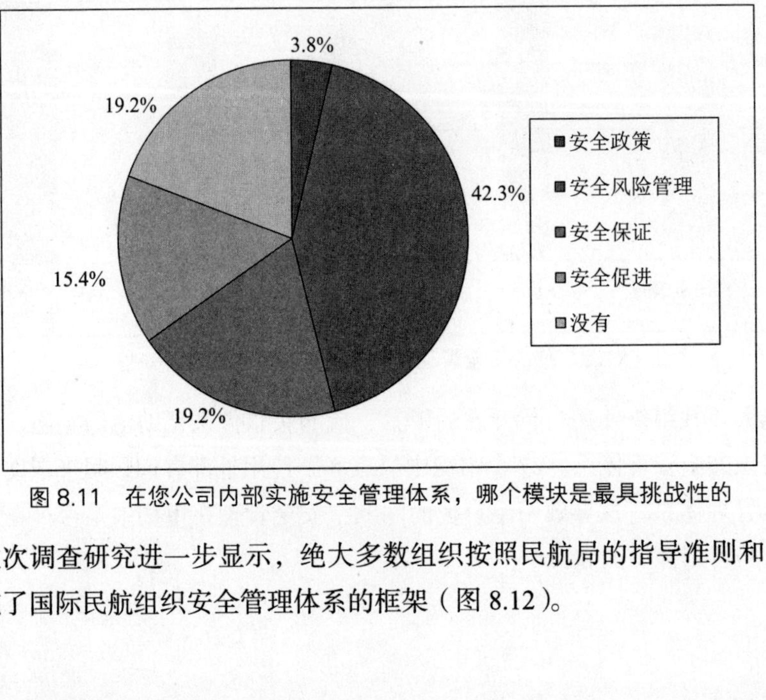

图 8.11 在您公司内部实施安全管理体系，哪个模块是最具挑战性的

这次调查研究进一步显示，绝大多数组织按照民航局的指导准则和 / 或直接实施了国际民航组织安全管理体系的框架（图 8.12）。

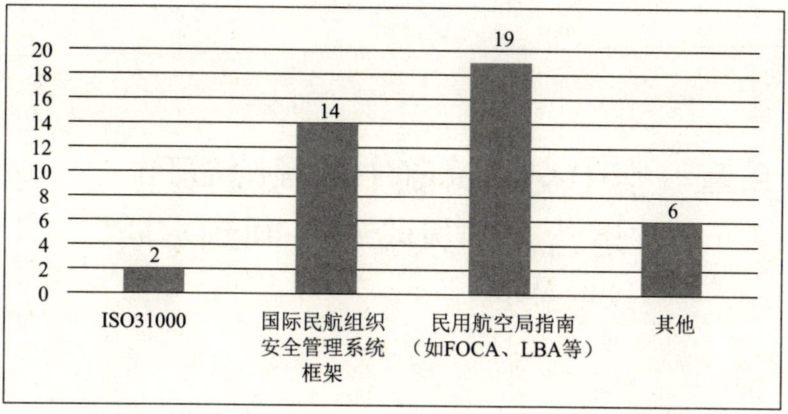

图 8.12　关于风险和安全管理，您公司会遵循什么样的标准

第 9 章　空中交通管制中的风险管理 “运营人的风险——回到本质”

Heinz Wipf

相较于其他交通运输方式，空中交通运输是比较安全的方式。这是因为，空中交通运输始终将安全列为其运行过程当中的首要事项[①]。

正如之前所提到的，国际民航组织或其他监管机构[②]建议或者强制所有民用航空[③]的生产单位[④]都必须建立安全管理体系。

有趣的是，关于如何实施这样的安全管理体系的方法和手段好像是万能的一样，似乎它能适用于所有的实体[⑤]。同样毫无疑问的是，人们可以将手中的资料当作推行安全管理体系的一种标准方式。

本章将仔细审视这种方法是否有助于促进和加强航空安全。

---

① 参见 Perrow（1999），p.123。他声称对于高水平的安全有一个结构性的解释。其中最重要的是，每天所执行的大量航班所积累的经验。另一个原因是，飞行事故会对需求产生直接的影响。

② 参见国际民航组织的《安全管理手册》第三版 3.1.2 节“国际民航组织关于安全管理的标准和建议措施，提供了高级别的要求，各国必须履行它们与航空器安全运行相关的或者直接对其进行支持的安全管理职责。这些规定针对两类目标：各国和服务提供者。‘服务提供者’一词，是指任何需要落实安全管理系统的组织机构，包括：经批准的在提供服务时会面临安全风险的培训组织机构；经批准的从事国际商业航空运输的航空器和直升机运营人；经批准的为从事国际商业航空运输的航空器和直升机运营人提供服务的维修组织机构；负责航空器机型设计和/或制造的组织机构；空中交通服务提供者；经认证的机场运营人”。

③ 甚至在某些国家的军用航空中也是采用了这一体系。

④ 比如，欧洲空中航行安全组织安全监管要求（参见《欧洲航空法规要求 4－空中交通管理的风险评估及缓解》）或者欧洲航空安全局。

⑤ 参见 Rose（2008）。甚至在某些国家的军用航空中也使用了这一体系，比如瑞士空军。

对这种推荐的方法进行分析发现，应该提倡这种基于风险的方法[①]。因此，正确的做法是，找出航空器运营人、空中交通服务提供商和机场运营人[②]这三者当中，哪一个是风险承担者。

为此，对风险和最终的安全进行一个更为正式的定义是必不可少的。很多人都意识到了这样一个事实，在当今世界中风险是多种多样的，在航空运输系统中更是如此[③]。然而，这个事实其实是被夸大的，因为这个系统中的许多部分已经成为私营企业，各种风险大量增加，所以实际同样的风险可能呈现出的状态是不一样的（参见附录：风险的类型）。

结合航空业的实际情况，本章的其他部分将重点把航空器事故的风险作为从 A 地点飞向 B 地点的过程中首要的危险源。从原则上来说，无论是目视飞行规则还是仪表飞行规则[④]都会存在这些风险，但是本文更着重对更具有指导意义的仪表飞行规则案例进行探讨。这是因为，除了航空器运营人和机场运营人以外，空中导航服务提供商以及其所提供的服务也在其中扮演了很重要的角色。对航空器运营人的任何一个航班来说，机场通常是必需的[⑤]。

9.1　安保风险

通常，安保与飞行安全具有同等的重要性。但是，本章没有对安保风险进行详细讨论，因为与安保漏洞有关的非法行为应该区别对待。其原因是，它至少涉及两方面[⑥]各自认为正确的策略，假设其中一方采取了一个随机策略，而另一方可能采取相应的策略。这样的话，或许安保风险需要应用博弈论的方法。然而，这仍然是一个悬而未决的辩证问题，鉴于集团的战略与管理层的战

---

① 参见民用国际航空组织的《安全管理手册》第三版 5.1.1 节“安全管理体系是通过有效管理安全风险确保航空器安全运行的系统。该系统用于持续地改进安全，方法是通过识别危险、收集和分析数据，并持续评定安全风险。安全管理系统力求在航空事故和事故征候发生之前积极主动地控制或减轻风险，它是与本组织机构监管责任和安全目标相称的系统”。

② 维修机构被认为是运营人和服务提供商的一部分；而航空器制造商只是将其制造出产品的可靠性向航空器运营人进行申明；训练机构所暴露出的风险也基本上属于航空器运营人。

③ 参见附录：风险的类型。

④ 即 VFR 或 IFR。

⑤ 特别是固定翼航空器航班。

⑥ 甚至更多。

略有所不同[①]，企业内部一群风险承担人在面对组织决策的情况时，是否必须要采用博弈论的方法。

9.2 风险的概念

通常很难给风险进行一个有效的定义[②]。本文的其他部分将重点讨论可操作化的安全风险[③],同时推荐采用定量风险分析方法[④]来评估可操作化的风险。这样做的第一个原因是，因为所考虑的三个实体——航空器运营人、空中交通服务提供商和机场运营人，他们都属于一级组织[⑤]，因此他们的选择是基于理性的[⑥]。第二个原因是不确定结果变现的数量，比如航班数量或架次。第三个原因是，专业人士和工程师认为，数字需要一定的严谨性并允许进行比较。

在风险的大多数定义中，不利或消极结果的出现似乎会产生一种伤害或损失[⑦]。

虽然，不一定会发生这样的结果，但是，它存在这样一种可能性[⑧]。对于某些类别的风险承担者来说，存在着控制空间和时间方面的问题，即何时何地可能会发生这种不利的结果。如果这种结果是负面的，那么问题就在于，为什么还要涉险？效用理论[⑨]对此做了回答。

---

① 这被称为“组织因素”，更多细节请参见 Gephart, Maanen 和 Oberlechner（2012），Marais et al.（2004），p.12，以及 Hollnagel（2008），p.9。

② 参见 Kaplan（1997）p.407, Haimes（2009）p.1647, Gephart et al.（2012）p.141，以及 Aven（2011a），p.28。

③ 一些不同的风险类别与安全相互交织在一起。例如，是否可用与经营风险相关，是否可靠与安全风险相关，而除此之外，二者都与分析相关。

④ 通常也称为概率风险分析，即对复杂系统的相关风险进行评估和量化。更多详细信息请参见 Apostolakis（2004）和 Aven 和 Zio（2011），p.66 §2.1，以及 Alverbro, Nevhage 和 Erdeniz（2010），p.6，以及 Shyur（2008），p.35。

⑤ 是由一群人组成的，请参见 Sage 和 White（1980），p.440 $C。

⑥ 尽管 H.Simon 有一个叫作有限理性的理论，但这一点毋庸置疑，因为这三个组织都应该是可靠性的组织，参见 Sage 和 White（1980），p.435 § Ⅳ，定义的概述请参见 Cookea 和 Rohledera（2006），p.216。

⑦ 风险是损失的预期值。参见 Kahneman 和 Tversky（1979），p.263。

⑧ Haimes（2009），p.1648 §2。

⑨ 参见 Adams Richard 和 Payne.（1992），p.263，介绍总效用的期望作为概率倍增的结果；同时也请参考 Sage 和 White（1980），p.433。

关于定量风险分析广泛接受的描述是："如果损失很严重，或其发生的概率很高，抑或二者兼有，那么则认为风险很大。同样地，如果损失很小，或其发生的概率很低，抑或二者兼有，那么则认为风险很小。"

为了进一步地界定量化风险，Kaplan 和 Garrick（1981）提出了一种将风险定义为三组集合的主张。

$$R=\{\langle S_i, p_i, x_i\rangle\} \text{ where } i=1, 2,\cdots, N+1$$

R: 风险

S_i: 识别出或者描述出的场景

p_i: 场景发生的可能性

x_i: 该场景的后果或评估指标，即损害的程度

场景 s_0 是指原始的场景，N+1 是指之后所有能够列举出的场景。有了这三组完整的集合，就能够定义出完整的风险。

很明显，变量 p_i 和 x_i 是不确定的，p_i 和 x_i 应该由概率密度函数来进行描述。虽然 Kaplan 和 Garrick 还提出，有必要通过它们所谓的第二级扩展来进行描述，但是对于我们所进行的论证，这一级的描述就已经足够了[①]。

与此同时，对于给定运行场景的预期风险[②]，将其定义为以下目标函数：

$$\bar{R}=\sum_{i=1}^{N+1} p_i \cdot x_i$$

给出现实的数字，该乘积将会由这一风险是可接受的或者与预期相符的，还是它本身就存在与某种特定的仪表飞行规则运行计划之中的来决定。该函数也验证了上面对定量风险的描述。

必须将这里的 $\bar{R}$ 与总风险进行区分。总风险是根据所有场景累积的可能性在风险曲线[③]当中进行表示。

① 参见 Coolen et al.（2010），S. 1。

② 参见 Haimes（2009），p.1652 §7。

③ 或者叫存活曲线。

9.2.1 场景

为了简单起见①，我们通过下图这一通常的飞行过程作为场景案例（图 9.1）。表 9.1 中出现的事件是导致航空器事故的常见情况。要为 R 定义三组集合，s_i 需要由 p_i 和 x_i 来进行补充。

任何航班都遵照了上面的这些阶段②。很明显，更详细的飞行阶段划分和更精细的事件列表会导致场景中多项式的增加。

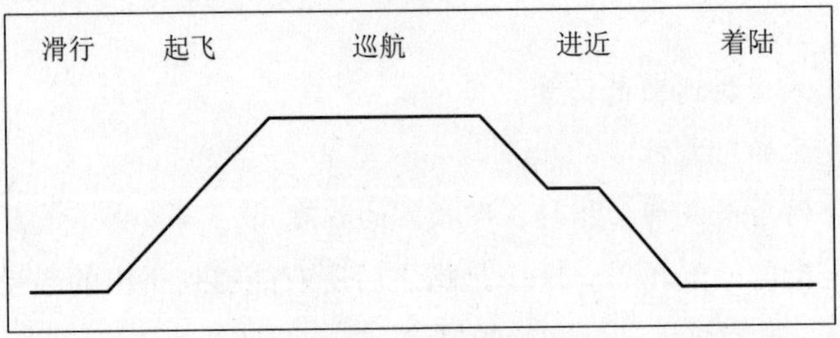

图 9.1 飞行阶段

表 9.1 场景

N=k · j+1=4 · 4+1+17

i=k+j 从 A 到 B 的飞行过程

	事件[a]k			
场景	冲突			
飞行阶段[c]	障碍物	地形	航空器	飞行损伤[b]
起飞	S_{11}	S_{12}	S_{13}	S_{14}
巡航	S_{21}	S_{22}	S_{23}	S_{24}
进近	S_{31}	S_{32}	S_{33}	S_{34}
着陆	S_{41}	S_{42}	S_{43}	S_{44}
未知	[d]S_5			

[a]ECCAIRS 4.2.6 “事件等级”

[b] 机体结构损伤影响飞行

[c]ECCAIRS 4.2.6 “事件阶段”

[d]S_5 为了匹配场景 N+1

① 实际上事故也有可能会发生在航空器处于地面停放阶段或者是维修阶段，参见基于国际民用航空局的事故 / 事件报道集 2000 分类法所形成的欧盟联合航空事故和事件征候报告系统 4.2.6 中所列出的完整分类。

② 实际运行可能更接近于状态矢量空间的模型。马尔科夫过程可以用来描述从飞行的一个阶段改变为另一个阶段，例如，巡航阶段之后可能会紧接着进入中断着陆或者终止进近阶段。参见 Aven（2011b），p.516。

9.2.2 可能性

p_i 的经验值，即对于一个给定运行类型场景的其可能性通常可以由经验得出。如果有一个固定的过程并且其经验数据缺失，那么通常建议使用贝叶斯法则来评估其可能性[①]。在评估可能导致发生航空器事故的一系列事件所发生的可能性时，也使用贝叶斯[②]理论。最普遍的着手点是，计算条件概率来评估场景的可能性，然后再将这种场景[③]的频率量化为这个序列中各个事件的概率项的乘积。

贝叶斯法则的优点在于，它能够在没有可用的事件时发挥作用。以往的假设，往往是基于专家的假设[④]，然后随时根据运行的经验数据再进行逐步修改。这种以证据为基础的方法具有相当大的实际意义，尤其是在引入新技术或新程序的情况下。

9.2.2.1 危险源

结合上述风险，引入了相应的一组危险源[⑤]。

$$H=\{\langle s_i , x_i \rangle\}$$

危险源集 H 中的危险源 H_i 与场景 s_i 和结果 x_i 有关。它可能造成损伤或损失，是航空器在飞行中的主要危险源。本文的其余部分重点是研究和这些危险源相关的风险，即财产或生命的损失[⑥]。

---

① 参见 Aven（2011a），p.28 页；更多内容请参见（Der Kiureghian & Ditlevsen,（2007），p.13; Helton, Johnson, Oberkampf, &Sallaberry, 2008）。

② 参见 Netjasov 和 Janie（2008），p.215 §3; 以及 Brooker（2011），p.1142。

③ 参见 Zimmennan 和 Bier（2002），S. 6。

④ 参见 Lambert et al.（1994），S. 733。

⑤ 其定义参见国际民航组织的《安全管理手册》第三版 2.13.2 节“潜在的对人员造成死亡、伤害，损坏设备或结构，损失材料，或使执行规定的功能之能力减弱等状态或者物体。为了航空安全风险管理的目的，危险一词应该注重于可能引起或促成航空器或航空安全相关设备、产品和服务不安全运作的状态”。

⑥ 由于生命或财产的损失最终可能会转变成金钱或财务的风险，应该对危险源采取预防措施。在这种情况下，预防措施将可保证将安全风险映射到成本维度上，并将其与上述平均风险进行比较。

9.3 后果：事故

事故的一般定义是，一起意想不到的事件，对人员、物体或环境造成了不利的损害，并影响了系统功能[①]。航空器事故就属于不安全事件[②]。

根据国际民航组织的定义，对于安全事件的三个主要类别进行以下区分：

（a）事故和严重事故征候。

（b）事故征候。

（c）其他不安全事件。

大部分航空器事故经过了认真仔细的分析并进行了全面的记录[③]。虽然结果是事后得出的，报告的正式出版往往有相当长的时间滞后性[④]，但对于某种特定类型的事故所造成的损害和损失范围，是可以进行详细查阅的。

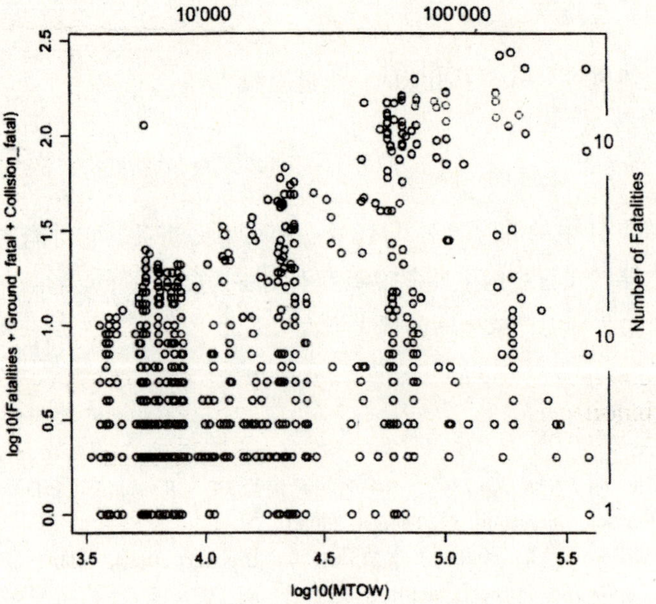

图 9.2 航空器事故死亡人数变化与最大起飞重量（公斤）关系散点图。参见 Flage & Aven（2012）。

① 参见 Perrow（1999），pp.64-66。

② 在航空安全范围内具有或可能具有重大意义的事件。

③ 参见国际民航组织附件 13。

④ 取决于事故调查的复杂程度。

鉴于这种经验数据，因此也有可能在特定的条件下用概率的术语来量化 xi。

图 9.2 和图 9.3 显示了 xi 经验证据的可用统计信息，即人员死亡数，该死亡数是 2000 年 1 月 1 日至 2013 年 8 月 23 日发生的 1 人或 1 人以上死亡事故中死亡人数的对数[①]。该图显示了按照航空器重量等级（见表 9.2）为分组的损失。数据来源于公开的“航空安全网络数据库”（H. Ranter 提供）。样本采集了 808 起事故的数据。

表示预期损失的中位数显然随着航空器重量的增加而增加[②]，变化趋势也是如此。如果要以货币来计算损失似乎有点复杂，其中一部分原因在于国际民航组织的报告体系。不过，事故报告和所涉航空器的服役年限倒是可以做出合理的估计。

国际民航组织相当广泛地[③]对航空器事故进行了定义（见附录：事故定义），这对 xi 的概率分布方差和期望值有影响。在分布中假设一个中心趋势是有意义的（见附录：航空器重量和总死亡的联合概率分布），但这样仍然不能排除损害和损失下端底线的偏差。在使用简单的统计数据时，国际民航组织在

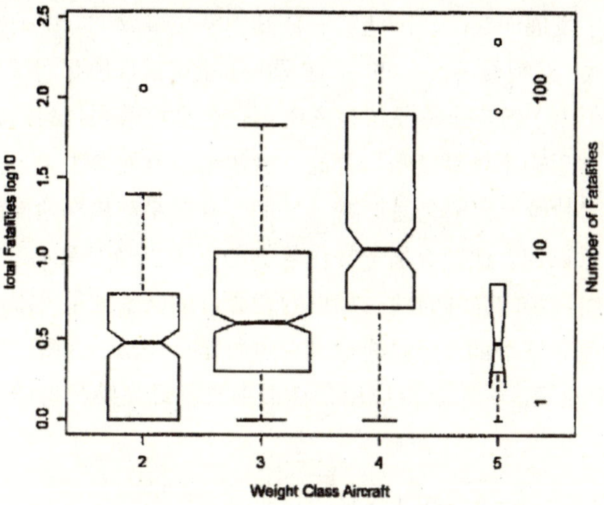

图 9.3 显示后果 xi 经验证据的盒状图

① log 10。

② 第 5 级时的损失更少，这可能是由于样本函数中可用数据有限的原因，但从盒状图的上顶点来看仍然呈下降趋势。

③ 国际民航组织定义的事故不一定都是灾难性的。

“附录：事故定义”中的定义与欧盟联合航空事故和事故征候报告系统的分类标准并不一致。欧盟联合航空事故和事件征候报告系统建议的方法是，使用由 Kaplan 和 Garrick 提出的一种类别分类的多维方法[①]。

表 9.2 航空器重量级别

重量级别	最大起飞重量的最小值（千克）	最大起飞重量的最大值（千克）
1	0	2250
2	2251	5700
3	5701	27000
4	27001	272000
5	272001	∞

在评估航空器事故发生的可能性时，单一的事故与一系列事件导致不利结果的事故，它们之间的区别是非常重要的。这些一系列事件指的是类似于结构突然失效或者是极端的天气现象（见表 9.1）。然而，航空器事故通常是在一系列的小问题之中发展而成的，因此我们称其为系统事故[②]。将条件概率应用于这些序列的时候，必须要谨慎一些[③]，这是由于紧密耦合使我们很难预测系统的反应，这也就引出了航空运输系统是紧密耦合还是松散耦合的问题。在某些细节[④]方面，航空运输系统是紧密耦合的，这些细节方面取决于飞行阶段。相互影响则发生在驾驶舱与空中交通管制[⑤]之间，抑或是与机场地面设施之间。尽管系统运营人意识到，他们有义务提供足够的资源以确保系统运行[⑥]，但有时在一个国际枢纽机场的高峰时段，那里的资源可能会受到很大限制。所以，其实我们应该避免对紧密耦合还是松散耦合进行定义（Marais 等，2004 年，第 3 页）。在任何情况下，关于是否应用条件概率来估计风险的可能性，场景（表

---

① 参见 Kaplan 和 Garrick（1981），S.14。

② “系统事故牵涉多个故障之间未预料到的相互影响，”来自 Perrow（1999）。

③ 系统事故通常开始于某一个部件的失效，其特征是由多个失效和这些失效之间的相互影响发展而来的，而这些失效的发生和其中之间的相互影响是航空器设计者以及训练有素的飞行人员也无法准确进行预料的。

④ 针对每一个航班的偏差。

⑤ 空中交通服务（ATS）的一部分。

⑥ 参见 See provisions for air traffic flow management positions（ATFM）。

9.1）都应该允许对其做出合理的决定。其实，交通体系在宏观层面[1]上本质是分散[2]的。因此，紧密耦合并不是一个真正的问题。然而，空中交通管理[3]的近期发展已经显示出了集中化和中心化的趋势，这将导致复杂程度持续增加[4]。大型国际枢纽是机场现实层面的又一例证。

9.4　风险承担者

在航空领域，个人和组织都承担着相应的风险，但并不是所有人都可以自由选择他们想要承担的风险。因此，对不同类别的风险进行分类是有意义的。从现在起，无论是社会风险还是个人风险，都不会成为焦点；相反，群体风险将成为重点。

面临风险的人分为风险承担者和可能的受害者。在履行关键职能的意义上，他们可能是系统的一部分，因为主动面临风险与非主动面临风险的评估是不同的，所以对他们进行分类是必要的。除了第四类（见图 9.4）以外，是否自愿面临风险具有不同的重要性，其中还涉及个人的选择。根据 Slovic 的说法[5]，航空运输技术的效益预期比风险预期高 4 倍以上。此外，对于自愿面临风

类别	特点	描述	面临风险
第 1 类	系统操作员	有明确控制责任的人员以及现场的其他工作人员	非自愿
第 2 类	非操作人员或系统用户	乘客或系统使用者以及无操纵控制权限的人员	
第 3 类	无辜的旁观者	事故现场的其他人员	
第 4 类	未来的阶段	面临事故后果的人员	

图 9.4　风险承担的类别（Perrow，1999 年，第 66 页）。

《风险报告》*（第四版标题）*：从深层的角度来看，这是定性的（参见 Kahneman & Tversky，1979 年）。

---

① 比如飞行区。

② 虽然该系统在某些如驾驶舱内的交互、驾驶舱与航空器或者 ATC 与航空器等方面属于紧密耦合，但总体上仍是一个分散的、松散耦合整体系统。

③ 比如，欧洲单一天空（single European sky（SES））和功能空域模块（functional airspace blocks（FAB））的建立。

④ 这与 Perrow 关于效率、复杂性和耦合的观点一致（Perrow, 1999，pp.87-96）。

⑤ “风险的认知”，Slovic P. ed.，伦敦，2000。

险来说，人们往往倾向于更为积极地去承担风险。对此，Perrow 提出了一个合适的分类[①]。

比如，机组在自愿面临风险与非自愿面临风险之间权衡的例子，他们选择为航空公司工作是为了赚取收入，而自愿面临风险只是其中的一部分而已。

对于在大都市地区机场附近[②]居住或工作的人来说，他们无法选择住在别处。所以对他们来说，所存在的风险几乎完全是非自愿的。

第一类风险承担者属于航空运输系统中三个实体的员工。依据属于哪一个实体，这个群体会在不同程度上影响或控制决定风险 R 的三组集合。这个群体在三个实体内部也存在着明显的不同，比如运行维护人员和管理层人员。尽管通常相关手册都申明，总体责任在于最高管理层，但据了解，这些组织的各个层面都有决定权。本书研究的是，什么责任和决定权会对安全产生影响。

然而，从表 9.2 的描述中可以清楚地看出，风险管理的可能性是由第一方风险承担者构成的[③]，因此，本章其余部分的重点将放在这些领域上。

9.5 风险管理

在风险管理方面，通常的理解是应该将风险降低到可接受的水平。显然，一架航空器从 A 点飞行到 B 点的运行是存在危险的。

回到定量风险分析，我们需要回答的问题是：按实体分组的第一类风险承担者中的哪一方，有能力管理航空器事故的风险，以及在多大程度上进行管理?

因此，管理风险意味着一个实体必须有能力影响上面定义的三个集合，即场景、可能性和后果。

为了便于讨论，我们以仪表飞行规则条件下的航空器与空中交通管制[④]之

---

① 参见 Perrow（1999），p.67。

② Vrijling et al.（2004）。

③ 第二类和第三类风险承担者只有间接影响力的风险，其主要是通过法律行为或政治层面的法规来实现的。这种情况下的一个例子是大都市地区机场附近的人口。第三类风险承担者对航空运输所采取的以减少风险的直接行动，属于非法行为。

④ 作为航空导航服务或更精确地提供空中交通服务的一部分。来自：国际民航组织附件 11（2001 年 7 月）第 2.2 章：空中交通服务的目的在于：（a）防止航空器相撞；（b）防止在机动区内的航空器与该区内的障碍相撞；（c）加速并维持有秩序的空中交通流；（d）提供有助于安全和有效地实施飞行的建议和情报；（e）通知有关组织关于航空器需要搜寻与援救，并根据需要协助该组织。

间的相互作用为例。

虽然飞行阶段是由机组人员来计划实施的，但根据仪表飞行规则所提出的进入新飞行阶段的要求，只有通过空中交通管制的运行后才能进入，反过来也是如此。作为从 A 点到 B 点计划飞行的一部分，飞行机组可以要求改变到新的飞行阶段。同时，也由于其他方面的影响，作为空中交通管制可以拒绝机组的要求。当然，考虑到航空器燃油储备的限制，空中交通管制不能无限期地推迟授予请求。

空中交通管制发出指令的相互作用保证了航空器之间的安全间隔（注意“冲突”里的那些部分，见表 9.1）。

现在，在这种情况下，某一场景发生的可能性是由驾驶舱和空中交通管制的指令所决定的。然而，在一定的假设条件下可以看出，影响层级（见图 9.5）从上到下减少（更正式的解释请参见附录：决策层和影响）。

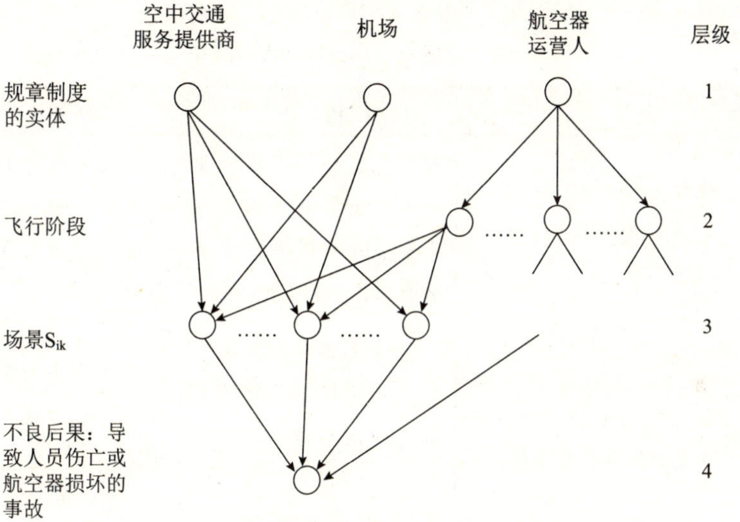

图 9.5 不同层级实体之间的相互作用产生的独特影响

如果以航路飞行阶段为例，有四个结果（如表 9.3 所示）成为可能。

表 9.3 空中交通管制放行引发飞行间隔的可能性

		如果飞行间隔	
		足够	不足
放行	发布	P_{aa}	P_{ab}
	未发布	P_{ba}	P_{bb}

对角线概率 P_{aa} 和 P_{bb} 是运行过程中可能出现的一部分，而非对角的元素就显得很有趣了。虽然 P_{ab} 是空中管制所考虑的安全风险中的一部分，但在飞行运行中将 P_{ba} 视为商业风险。① 概率 P_{ab} 本身是一个具有概率密度函数的随机变量，它可能依赖于空间和时间②，例如交通密度。

当航空器运营人必须承受航空器的损坏以及可能的人员伤亡时，空中交通服务提供商似乎只受到小部分的影响，它们自有资产的损伤和损失是有限的。③由于损伤和损失的大小与航空器的重量成正比关系（图 9.1 和附录：航空器的动能和化学势能）④，航空器运营人通过选择航空器的种类以及所携带的燃油量，几乎⑤就能完全控制所受到的损伤和损失。

与之相反的是机场。其对飞行阶段影响甚微，对大部分场景的可能性影响也有限，但由于其所在地发生航空器事故，其自身资产可能遭受损坏和损失。降低运营风险的唯一措施是减少可容纳⑥航空器的最大重量和尺寸，这显然与官方公布的机场飞行区等级（表 9.4）⑦ 相关。

表 9.4　风险对不同主体的影响总结

	场景 Si	可能性、概率 Pi	损伤、损失 Xi
航空器运营人	通过选择飞行阶段，场景是预先确定的，影响程度很高	可能性受设备可靠性和人为因素等多种因素的影响；Pi 的概率密度函数影响是比较大的	通过选择航空器类型和所携带的燃油。对潜在损害和损失的影响是很高的
空中交通服务提供商	通过放行（和信息）对场景的影响是有限的	可能性受多种因素的影响，如设备的可靠性和机场周围环境（如临时障碍物）；Pi 的概率密度函数影响是比较大的	损伤和损失的影响是有限的，因为在其控制空域内所有尺寸的航空器都必须服务

① 导致额外的燃油消耗和不必要的延误。

② 受制于数据分析，例如回归。

③ 除非机场塔台或其他空中导航设备被航空器损坏。

④ 参见 Freitas（2012）。

⑤ 机场可能会在建筑物等资产方面面临损伤和损失。

⑥ 这与管制当局限制某些飞机的使用是不一样的。但是，限制会对经济收入造成影响，再与机场的准垄断性质相结合，将导致一个效率低下的解决方案。

⑦ 参见国际民航组织附件 14：表 1-1。

续 表

	场景 Si	可能性、概率 Pi	损伤、损失 Xi
机场	对场景几乎不存在影响，因为机场作为运输节点的功能仅仅是航空器的起降	可能性受多种因素的影响，如设备的可靠性和机场环境的控制（如临时障碍）；Pi 对概率密度函数的影响是很高的	通过对机场的分类和布局，给出了对损伤和损失的影响

不仅是对航空运输而言，一般的服务业也是以服务提供商和客户之间错综复杂的产品生产方式而闻名。然而，以结构化的方式来处理这些流程是值得的。场景的可能性可以作为一个例子。不同的实体（图 9.4）促成了最终的可能性。允许对可能性进行评估而产生的概率密度是就是围绕个体进行的。

$$p_i \langle \phi_i \rangle = \langle \phi_{iOp} \rangle \times p_{iATC} \langle \phi_{iATC} \rangle$$

9.6　监管机构和风险

迄今为止，关于监管机构风险的说法很少。

我们可以提出的问题是，监管机构——通常是民用航空当局，是否有任何安全风险？因为它们间接地想要限制图 9.4 中面临的四类风险，这显然会使任何监管给风险管理带来很大的影响。在不利的情况下，某个规定会被认为是一种禁令[①]，使某种事件发生的可能性降至几乎为零。为了避免这些情况，必须对系统设计和运行进行保守的规定。通常情况下，确定一个最糟糕的场景或者最可信的事故作为指导原则[②]。

然而，考虑到所涉及的不同变量和可能性，这种方法将只能作为第二选项。此外，确定最坏的情况通常意味着在场景的定义中存在着主观性[③]和任意

① 参见 Kaplan（1997），p.416 §8.2。

② “风险评估者通常要求较少的监管，对机构的批评也很严厉。”（Perrow, 1999，p.307）。

③ “……我们绝不应该请专家提出意见，我们要的是他的经验，他的信息，他的证据。”（参见 Kaplan, 1997，p.416 §8.2）。

性，原则上这会导致不必要的严重监管负担[①]。

相反，是否有可能通过足够的规定行为，例如监管、收集和宣传经验数据，让第一类和第二类风险承担者做出正确并恰当的决定，并且限制第三类风险承担者面临的风险。

结　论

在航空运输系统的价值链中，对每个实体是否必须在其安全活动中考虑风险管理这个问题是有争论的。所以，我们建议应首先分析风险承担者所处的位置。

有证据表明，航空器运营人承担了最终的风险。尽管机场和空中交通服务提供商等其他实体也是运行当中危险源的一部分，但它们对安全风险的影响有限，同时，它们遭受安全风险的影响也有限。

因此，航空器运营人有必要建立一个基于风险的安全管理体系。风险评估是风险管理的一部分，只能由最具影响力的实体与其他支持解决飞行运行的实体合作开展。评估航班风险的必要性最好掌握在航空器运营人的手中，这是因为，他是唯一能预先确定场景的实体，并且可以估计各种复杂的可能性，并在决定使用航空器的类型时控制可能遭受的损伤和损失。其他实体对可能性、损伤和损失的影响是不同的。

在对航空运输业务进行宏观分析[②]时，我们建议将基于风险的安全管理留给航空运营人。

此外，在采用定量风险评估时，评估安全的主角应由航空器运营人与另外两个实体——空中导航服务提供者和机场协力进行。航空器运营人最终决定是否飞越某一空域，是否在某一机场起飞和降落，以及必须提出问题："会发生什么？""有多大的可能性会发生？""如果真的发生了，后果是什么？"

虽然对空中导航服务提供商来说，将可能性[③]设定为一个标准值是有意义的，但它是否适用于所有类型的飞行运行是值得怀疑的。对于实际发生的平均风险[④]，它必须与航空器运营人进行飞行运行的方式相兼容。考虑到不同的可接

---

① 参见 Aven 和 Zio（2011），pp.64-74。

② 那就是集体风险而不是个人风险，并且是许多实际情况而不单单是飞行方面。

③ 参见安全等级或目标安全等级（TLS）。

④ 可能性倍数结果的重要性参见上面。

受风险对后果会产生相当大的影响，所以在给定类型的飞行运行[①]中，其可能性不能是标准值。

不同的风险管理活动总体上增加了系统的复杂程度，并导致了不兼容性的产生。

航空运输尤其如此，在航空运输当中我们看到系统的复杂程度不断增加；因此，不仅在全球范围内，而且在当地范围内，都必须注意避免不兼容性的产生。

致　谢

作者要感谢 Harro Ranter 提供的事故数据集，荷兰民航局的 Jules Hermens 工程师和国家航空交通服务的 John Dyson 工程师对各个主题进行了严格的审查和讨论；感谢苏黎世联邦理工学院苏黎世风险中心的教授 Wolfgang Kröger 有关行业风险的建议，以及其他几位来自航空导航专业的同行。

附录：风险的类型

风险	表　示
战略	消费者行为 政策更改 法规变化 市场
金融	贷款管理 欺诈 资本管理
运行	产品、项目、设计 劳动力问题 政治示威 财产

① 比如 Adams Richard 和 Payne（1992），p.39。

续表

风险	表示
商业	零件交付 合资伙伴管理方面的问题 合法
技术	缺乏技术基础设施 火 爆炸 洪水 自然灾害
环境	绿色活动人士的活动 法规的变化 意外的污染 公众的看法

附录：事故的定义

国际民航组织[①]

对于有人驾驶航空器而言，从任何人登上航空器准备飞行直至所有这类人员下了航空器为止的时间内，或对于无人驾驶航空器而言，从航空器为飞行目的准备移动直至飞行结束停止移动且主要推进系统停车的时间内所发生的与航空器运行有关的事件，在此事件中：

（a）由于下述情况，人员遭受致命伤或重伤：

——在航空器内，或

——与航空器的任何部分包括已脱离航空器的部分直接接触，或

——直接暴露于喷气尾喷，但由于自然原因、由自己或由他人造成的受伤，或对由于藏在通常供旅客和机组使用区域外的偷乘飞机者造成的受

① 来自 ICAO 附件 13,2010，p.1-1。

伤除外；或

（b）航空器受到损坏或结构故障，并且：

——对航空器的结构强度、性能或飞行特性造成不利影响，和

——通常需要大修或更换有关受损部件，但下述情况除外：仅限于单台发动机（包括其整流罩或附件）的发动机失效或损坏，或仅限于螺旋桨、翼尖、天线、传感器、导流片、轮胎、制动器、机轮、整流片、面板、起落架舱门、挡风玻璃、航空器蒙皮（例如小凹坑或穿孔）的损坏，或对主旋翼叶片、尾桨叶片、起落架的轻微损坏，以及由冰雹或鸟撞击造成的轻微损坏（包括雷达天线罩上的洞）；或

（c）航空器失踪或处于完全无法接近的地方。

航空安全网络数据库中的数据集[1]

——事故（不包含事故征候、劫机或者故意破坏）

——人员死亡（至少是飞机上的任意人员）

——航空器型号为可搭载 12 人或者更多

——航空器损坏至不可修复

——时间跨度为 2000 年 1 月 1 日至 2013 年 8 月 23 日

定义：欧盟联合航空事故和事件征候报告系统中按照重量对航空器的分类

1:<2250 千克

2:2251—5700 千克

3:5701—27000 千克

4:27001—272000 千克

5:>272000 千克

最大起飞重量单位：千克。[2]

① http://aviation-safety.net.

② 对于整个型号范围的最大认证，而不是有关事故飞机的认证。

附录：飞机重量和总死亡率的联合概率分布

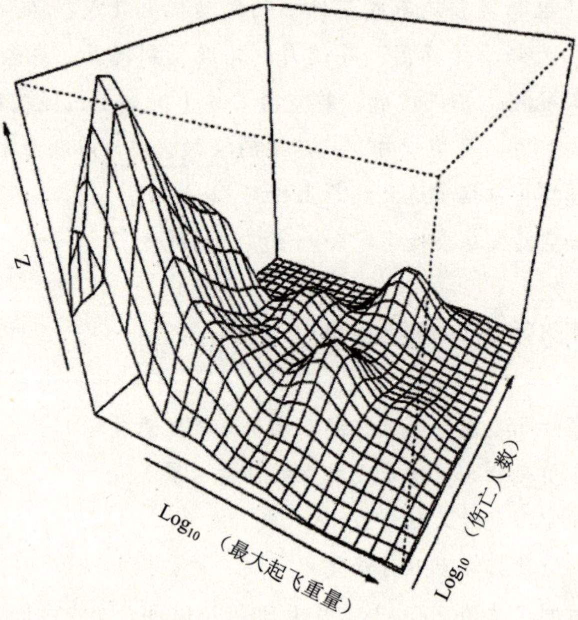

三维图形显示了支持预期值参数的中心趋势。

附录：决策层及其影响

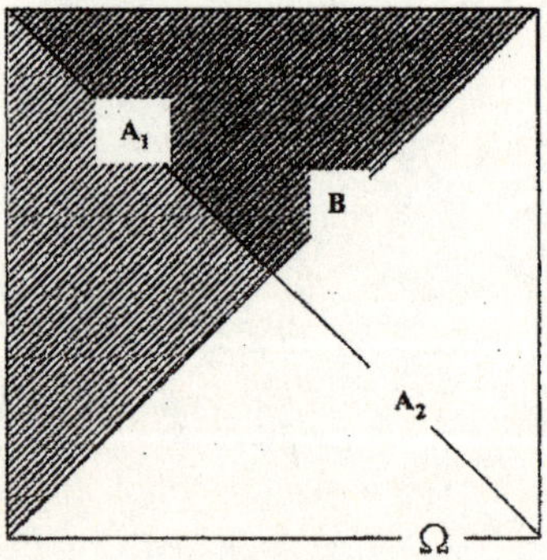

资料来源：作者自绘。

对于图 9.5 中的层级，这个高斯维恩图显示了决策 B 的影响。在决策空间分布假设的情况下给定决策 A_1，例如，如果 A 的决策空间延长而 B 的决策空间仍然存在，那么 A 的影响就越明显。

附录：航空器的动能和化学势能①

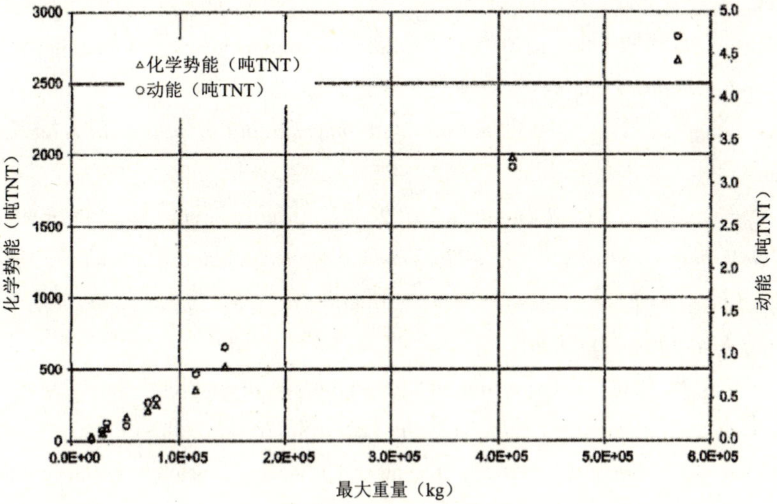

满载燃料下的动能 K 和化学势能

起飞和着陆之间的势能差异达二到三个数量级②。

参考文献

1.Adams Richard, J., & Payne, B. (1992). Administrative risk management for helicopter operators. *The Intemational Journal of Aviation Psychology*, *2* (1), 39-52.

2.Alverbro, K., Nevhage, B., & Erdeniz, R. (2010). *Royal Institute of Technology Department of Urban Studies. Stockholm*: Royal Institute of Technology Department of Urban studies.

---

① Freitas (2012), p.12, 表Ⅱ, p.13, 表Ⅲ。

② Freitas (2012).

3.Apostolakis, G. (2004). How useful is quantitative risk assessment? *Risk Analysis*, *24* (3), 512-520.

4.Aven, T. (2011). On how to conceptualise and describe risk. *LIA*, *2* (1), 28.

5.Aven, T. (2011). On some recent definitions and analysis frameworks for risk, vulnerability, and resilience. *Risk Analysis*, *31* (4), 515-522.

6.Aven, T., & Zio, E. (2011). Some considerations on the treatment of uncertainties in risk assessment for practical decision making. *Reliability Engineering and System Safety*, 96, 64-74.

7.Brooker, P. (2011). Experts. Bayesian belief networks, rare events and aviation risk estimates. *Safety Science*, *49*, 1142-1155.

8.Cookea, D., & Rohledera, T. (2006). Learning from incidents: From normal accidents to high reliability. *System Dynamics Review*, *22* (3), 213-239.

9.Coolen, F. et al. (2010). *lnternational encyclopedia of statistical science.* Berlin: Springer.

10.Der Kiureghian, A., & Ditlevsen, 0. (2007). Aleatory or epistemic? Does it matter? In *Special workshop on risk acceptance and risk commtmication.* Stanford University.

11.ESARR 4—Risk Assessment and Mitigation in ATM. (2001). *Eurocontrol Safety Regulatory Requirement Ver. I .0.*

12.Felici, M. (2006). Capturing emerging complex interactions: Safety analysis in air traffic management. *Reliability Engineering and System Safety*, *91*, 1482-1493.

13.Flage, R., & Aven, T. (2012, December 1). An imprecision importance measure for uncertainty representations interpreted as lower and upper probabilities, with special emphasis on possibility theory. *Proceedings of the Institution of Mechanical Engineers*, *Part O: Journal of Risk and Reliability*, *226* (6).

14.Freitas, P. (2012). Passenger aviation security, risk management, and simple physics. *Journal of Transportation Security*, *5* (2), 107-122.

15.Gephart, R. J., Maanen, J. V., & Oberlechner, T. (2012). Organizations and risk in late modernity. *Journal of Transportation Security.*

16.Haimes, Y. (2009), On the complex definition of risk: A systems-based approach. *Risk Analysis*, *29* (12), 1647-1654.

17.Helton, J. C., Johnson, J. D., Oberkampf, W. L., & Sallaberry, C. (2008). *Representation of analysis results involving aleatory and epistemic uncertainty.* Sandia Report, Albuquerque, NM/Livermore, CA

18.Hollnagel, E. (2008). The changing nature of risks. *Ergonomics Australia Journal*, *22* (1-2), 33-46.

19.Kahneman, D., & Tversky, A. (1979). Prospect theory - an analysis of decision under risk. *Econometrica*, *47* (2), 263.

20.Kaplan, S. (1997). The words of risk analysis. *Risk Analysis*, *17* (4), 407-417.

21.Kaplan, S., & Garrick, B. J. (1981). On the quantitative definition of risk. *Risk Analysis*, *1* (1), 11-27.

22.Lambert, J., et al. (1994). Selection of probability distributions in characterizing risk of extreme events. *Risk Analysis*, *14* (5), 731-742.

23.Marais, K., et al. (2004). Beyond normal accidents and high reliability organizations: The need for an alternative approach to safety in complex systems. In *Systems division symposium.* MIT.

24.Netjasov, F., & Janie, M. (2008). A review of research on risk and safety modelling in civil aviation. *Journal of Air Transport Management*, *14*, 213-220.

25.Perrow, C. (1999). Normal accidents: *Living with high-risk technologies.* Princeton, NJ: Princeton University Press.

26.Rose, A. (2008). Understanding aviation risk. In *IEEE 11th international conference on information fusion.*

27.Sage, A., & White, E. (1980). Methodologies for risk and hazard assessment: A survey and status report. *IEEE Transactions on Systems*, *Man*, *and Cybernetics*, *SMC-10* (8), 425-446.

28.Shyur, H. (2008). A quantitative model for aviation safety risk assessment. *Computers & Industrial Engineering*, *54*, 34-44.

29.Vrijling, K. J., et al. (2004). A framework for risk criteria for critical infrastructures: Fundamentals and case studies in the Netherlands. *Journal of Risk Research*, *76*, 569-579.

30.Zimmerman, R., & Bier, V. M. (2002). Risk assessment of extreme events. In *Columbia-Wharton/ Penn Roundtable on risk management strategies in an uncertain world.*

第 10 章　疲劳风险管理的重要性

Stefan Becker 和 Ernst Kohler

10.1　航空疲劳的相关性

疲劳是由睡眠不足引起的。睡眠是人类的基本需要。当你口渴时喝水，当你饿了时吃东西，当你累了时，只有睡觉能防止疲劳。几乎不可避免的是，有时疲劳会产生极其严重的后果。对航空业而言，机组、病人[①]、乘客、公众达到何种疲劳程度才会导致风险，最终还需要企业来解决这个问题。

疲劳本身并不会构成风险，而是由若干因素所产生的一种生理条件。以下是一些促成因素：

- 个人睡眠需要，包括现有的所累积的睡眠债
- 睡眠数量
- 睡眠质量
- 昼夜节律
- 当前和之前的执勤期
- 身体暴露于环境的情况（如太阳辐射、光、噪声、振动、热、空气压力的变化等）
- 绝对和相对的身体和精神努力
- 一般的生理结构，包括以前的医疗情况
- 营养
- 压力（职业和私人生活中的）

---

① 根据基金会契约，瑞士航空——Rega 救援组织只实施航空医疗航班。

· 需要酌情考虑，时区调整（长途航班）

疲劳或过度疲劳对于一个人的行为表现会产生影响，由此导致的差错频率及严重程度会构成潜在的重大风险。这些风险需要我们加以管理。

10.1.1　疲劳：是否是可测量的因素?

首先，我们有必要明确疲劳的科学定义。国际民航组织对于疲劳的定义如下：

> 睡眠缺失或扩展的清醒时段，昼夜节律阶段或工作量（精神和/或身体活动）所导致的心理或身体性能降低的一种生理状态，这会削弱一名机组人员的警觉性，以及削弱能够安全操纵飞机或执行与安全相关职责的能力[①]。

就可测性而言，目前有两种不同的方法可以加以考虑：主观和客观的疲劳。

主观测量值所带来的挑战是，它们就客观生理状态方面是否具有可比性和适用性。在实践中，对于主观评价，我们使用下列可以使我们获得有关生理结论的测量方法：

· 卡罗林斯卡嗜睡量表[②,③]
· 直观模拟标度尺[④]
· Samn Perelli 测量[⑤]

为了将结果与上述的测量方法关联起来，我们一般要求研究参与者记录睡眠日志。

有关疲劳和睡眠的客观性的测量结果可以通过建立非侵入性的多功能睡眠

---

① 国际民航组织（2012）。
② Putilov 和 Donskaya（2013）。
③ Shahid, Wilkinson, Marcu 和 Shapiro（2012a）。
④ Shahid, Wilkinson, Marcu 和 Shapiro（2012b）。
⑤ Samn 和 Perelli（1982）。

记录仪以及脑电图、眼电（流）描记法或是身体温度测量，或非侵入性的腕动计等手段而实现。然而，在实践中，只有腕动计睡眠活动记录仪经常被使用。目前，市场上的睡眠活动记录仪通常是以腕表的形式设计，有必要的敏感度和特异度。由于其非侵入性的应用，测量结果也更少受设备本身所影响，因为它一般不被认为是身体的“异物”。

10.1.2 疲劳：高估了的安全风险？

毫无疑问，疲劳是经常被低估的风险，而这风险与差错的产生有关[①]。特别是由于没有经过适当的训练，人们发现，很难准确地评估自己的疲劳程度。甚至随着工作时间的推移，尽管从客观的角度来看，人们的疲劳程度已经增加了[②,③]，但人们还是继续主观性地评估自己的疲劳程度是低的。相应地，潜在的风险也被低估了。

在长途飞行期间，特别是长时间的清醒状况，以及很少的睡眠，会引起急性睡眠债，机组成员对此会有更强烈的意识，从而更容易评估疲劳相关的风险。然而，定期的、较短的总执勤期，机组人员经过一段日子，就会累积建立起睡眠债，这种睡眠债他们一般很少会意识到。假设一个人每天需要睡上 8 个小时，但在工作日（周一至周五）的一段时期内每晚只有 7 个小时的睡眠，在此期间他已经积累了 5 个小时的睡眠债。因此，运行风险就会增加同样的程度，好像他前四个工作日是正常睡眠，但从周四到周五夜间只有 3—4 个小时的睡眠。

在长途飞行中，由于时区更改和身体生物钟不能同步，这会产生所谓的时差。由于睡眠中断，疲惫、感觉不适，以及混乱混淆和消化问题造成了疲劳这样常见的症状。

因为没有特殊的培训，机组人员常常会低估睡眠债的影响，以及随后而来的风险。3 个小时的睡眠债已经相当于血液中酒精的增加水平，这会阻止人们正常驾驶一辆车，当然也会阻止人们正常操作飞机。

这也适用于如下情况，例如，机组人员睡了 10 个小时，然后有更长时间的清醒状态（睡眠限制）。尽管前面已经有了长时间的睡眠，但经过 12 个小时一直

---

① Akerstedt（2000）。

② Sasaki, Kurosaki, Mori 和 Endo（1986）。

③ Van Dongen, Maislin, Mullington 和 Dinges（2003）。

保持不断的清醒状态，人们的平均行为表现会降低，如果经过了16个小时的清醒状态，那么其认知表现就会呈“赤字”状态，相当于人的血液中酒精浓度达到了约0.04%[①]。超过20个小时一直保持不断的清醒状态，会损害人们的反应时间，相近于血液酒精浓度为0.1%的水平[②,③]。如果血液酒精浓度达到了0.06%—0.09%，那么发生事故的风险将高出1.36—3.3倍（在95%的置信区间）[④]。

睡眠被剥夺和长时间的清醒状态会产生的后果显而易见[⑤,⑥]。

- 高达50%的反应速度降低
- 记忆退化
- 警觉性受损
- 手眼协调减少
- 情景意识减少
- 决策能力受损
- 微睡增加（短暂地打个盹）
- 醒来后长时间的睡眠惯性
- 易激惹性增加
- 冷漠感增加

此外，还应考虑慢性疲劳对健康所造成的长期影响，包括产生心血管疾病、糖尿病以及代谢性紊乱等疾病。

10.1.3 疲劳：在事故因果关系中是个人因素还是系统性因素？

虽然疲劳是机组人员个人的生理反应，但我们也应考虑系统上促进或抑制疲劳的组织条件。最终，与疲劳相关的事故征候，或者甚至是与疲劳相关的事故是事件因果链（或是“差错轨迹”）的结点，疲劳风险不足以被认为是在过程中不同时间点需要考虑的问题，而且缓解策略也不是有效的。自然而然，不

---

① Dawson 和 Reid（1997）。

② Lamond 和 Dawson（1999）。

③ Rajaratnam 和 Arendt（2001）。

④ Compton et al.（2002）。

⑤ Van Dongen, Belenky 和 Krueger（2011）。

⑥ Williamson 和 Feyer（2000）。

管是纯粹个体疲劳产生的差错，还是系统促进了疲劳产生差错，在这方面我们可以说，这是先有鸡还是先有蛋的问题。

在航空领域，疲劳是一种风险，就像所有其他和飞行操作有关的风险一样，必须在安全管理体系的框架内进行处理和得以解决。由于它是一个复杂的风险，所以有必要建立一个与具体疲劳相关的子安全管理体系，称为疲劳风险管理系统。

然而，风险管理不是完成最后一班航班 / 轮班就结束的。按照法律上的注意义务，潜在的、非常劳累的员工下班回家的途中也应考虑在内[①]。

10.2 Rega 疲劳风险评估研究

10.2.1 研究的目的

许多年以来，瑞士航空 Rega 救援组织已经意识到了疲劳会对机组人员产生不同的影响。为此，Rega 决定在科学的基础上尽可能准确地评估这种风险，并且开发了基于风险的缓解策略。为此，一家独立公司被委托完成以下任务：

- 在 Rega 飞行操作范围内和其他框架条件下正常识别出疲劳风险，如执勤排班模型和其对安全的潜在影响
- 与飞行员进行有关疲劳和睡眠习惯的个人访谈
- 调查与分析有关飞行员和机组其他成员在正式执勤期间和执勤以外时间的睡眠和疲劳情况
- 支持发展有效的减缓策略，例如通过设计新的执勤排班模型和引入公司和运行特定的疲劳风险管理系统

Rega 对于固定翼飞机和直升机这两种运行方式分别进行了几个小组的研究，主要是有关于不同的运行任务——直升机紧急医疗服务和飞机紧急医疗服务。

这些研究旨在增加员工对于有关睡眠不足、长时间的清醒状态和随后的生理和心理影响建立起更多的风险意识度。

---

① Scott et al.（2007）.

这些研究结果还打算用来形成建立疲劳风险管理系统的基础。

10.2.2　资料

总的来说，所有飞行机组人员都可参加这项研究，而且绝对保证是匿名的。为了客观地衡量个人的疲劳程度，每个机组成员获得了一个名为“ReadiBand”的睡眠记录仪。ReadiBand是高度敏感的腕表状装置，通过运动和加速度传感器精确地监控测试人员的疲劳和睡眠情况。带有验证研究设计目的的初步研究表明，此睡眠记录仪达到了实验室睡眠测试92%的准确性，因而无须使用侵入性和复杂得多导睡眠监测方法。该设备是防水的，而且是不会被破坏的。它对佩戴者还有一项功能是，可以显示时间，所以它可以代替手表。然后，我们要求该项研究的参与者都必须在为期两个星期（直升机机组）或在3—4周内（固定翼机组）不间断地戴着睡眠记录仪。

除了睡眠记录仪，所有研究参与者还要记录个人日志，记录主观的疲劳程度以及相应的环境，然后与客观记录数据进行互相关联。为达到此目的，机组根据Samn-Parelli测量法[①]评估了他们的警觉度水平，主要是在睡眠和打盹期间的之前和之后时段。他们还记录了自己睡眠的质量，以及主观的睡眠需求。

为了评估睡眠债和昼夜节律对人员行为表现的影响，我们要求研究参与者以反应测试的形式，完成所谓的精神运动性警觉任务，这一任务要在这项研究的整个期间在航班之前、期间和之后预定好的时间内完成。这一过程涉及标准测试，标准测试是由沃尔特•里德陆军研究所[②]开发的，它为每个参与者提供了电子掌上领航员设备。

在研究过程中，独立的研究所会打两次电话联系每个参与者。此做法的目的是，一方面确保数据收集得当，另一方面，为了将这些数据纳入研究中，还会询问参与者可能会影响他们睡眠的质量与数量的社会或其他环境因素。

此数据收集阶段完成后，睡眠记录仪和日志，以及精神运动性警觉任务测试设备，由研究参与者直接发往独立的研究所，以便数据可以进行读取和评估。为了也能在国际层面进行此项研究结果的比较，我们使用了疲劳避免和排班工具，这是由美国国防部、美国运输部和联邦航空管理局使用的工具。疲劳避免和排班工具是专为航空业而开发制定的，并允许连续开展疲劳风险的监

---

① Samn 和 Perelli（1982）。

② Thome et al.（2005）.

测，甚至涉及大量数据时也使用该工具。该工具为每个参与研究的机组人员（图 10.1）提供了一份精确的睡眠情况文件，此睡眠情况文件受到以下因素的影响——活动、时区更改、飞机上的休息时间和睡眠时间，也有研究参与者在他们个人日志中所记载的情况。

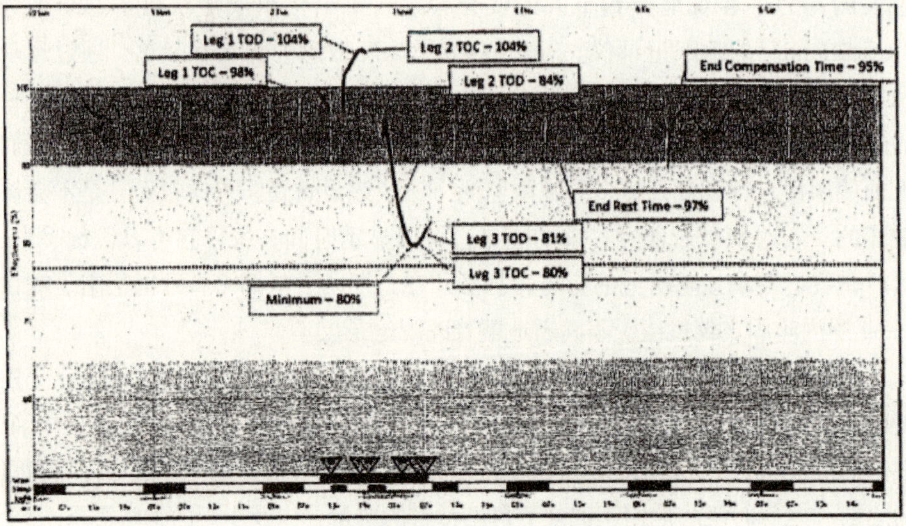

图 10.1 疲劳避免和排班工具项目结果的范例

睡眠数量和质量对日常工作中个人行为表现的影响，是通过睡眠、活动、疲劳与任务有效性模型（图 10.2）进行评价的。为了实现这一点，除了基本因素，如昼夜节律、睡眠历史和醒来的时间外，该模型还使用了睡眠记录仪（ReadiBand）所提供的其他数据（图 10.3）。将此数据与个人日志进行对照分析，进而得出了有关增加的睡眠需求和睡眠债以及成功地和不成功地运用缓解策略的结论。

收集和评估数据后，下一步是评估风险。为此目的，任务风险运用矩阵评价方法通过关键风险指标的形式进行阐述。在这里，总体风险被表示为一个 5 × 5 的风险矩阵，Y 轴所示的是发生的可能性，疲劳导致的任务安全受损情况显示在 X 轴上。以下适用的风险评级为：

· 低风险：关键风险指标为 1—4
· 中等风险：关键风险指标为 5—11
· 高风险：关键风险指标为 12—25

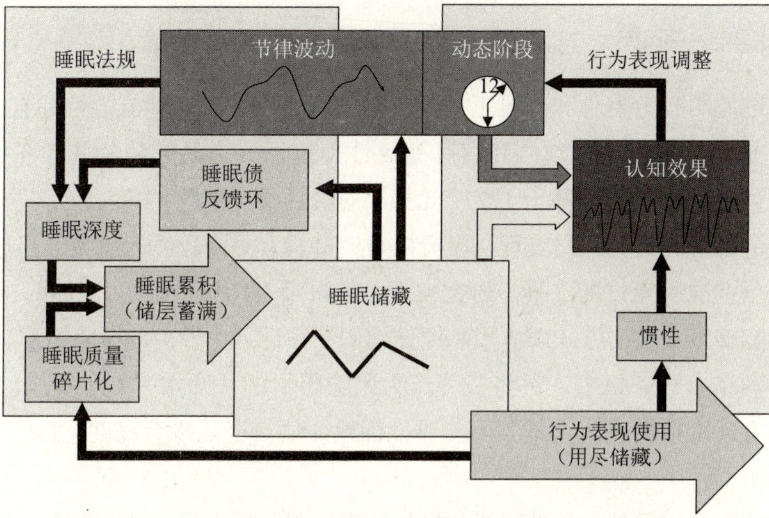

图 10.2　疲劳避免和排班工具 / 疲劳与任务有效性模型组件

资料来源：欧洲航空安全局的 Clockwork 研究，科隆。

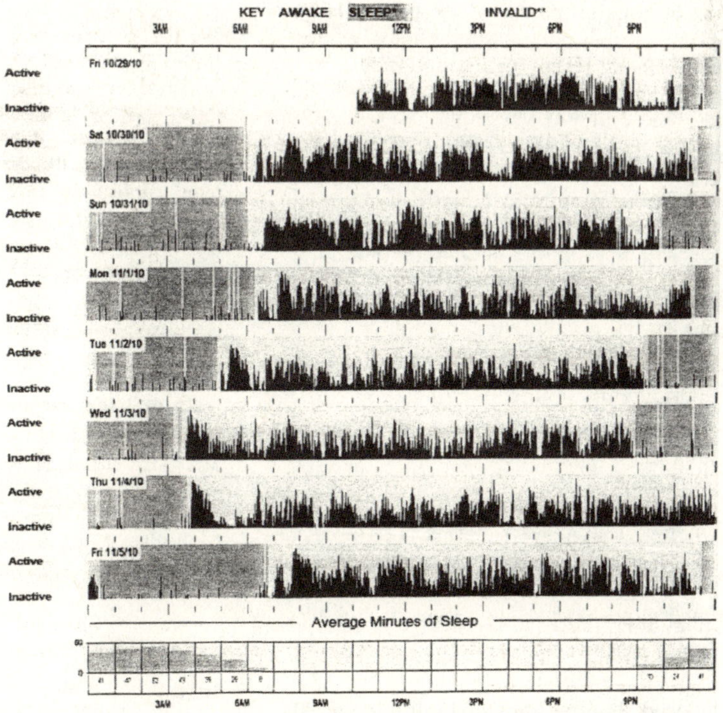

图 10.3　通过疲劳与任务有效性项目的 ReadiBand 数据分析示例

资料来源：研讨会演示文稿。

10.2.3 结果

通过使用疲劳避免和排班工具方法对飞行机组人员认知有效性的有关预测被证明是非常可靠的。预测和实际有效性（效果）之间的偏差共计在 -4% 和 +3% 之间，这一结果是基于 172 个轮档小时统计得出的。

在个别情况下，我们发现，飞行机组成员具有更高程度的疲劳，超过 Rega 自身安全标准所允许的水平。研究发现，如果没有相应的训练和经验，机组人员并不能够以最佳的方式来应用和评估他们工作计划中疲劳的风险因素。

培训结束后，机组人员将疲劳作为风险因素的认知水平有了提高。然而，那些具有睡眠债的机组人员，不能够准确地评估自己的疲劳程度，这个事实也得以证实[①]。

机组人员按照他们的训练所获得的知识使用了以下个人缓解策略：

· 食品
· 按照机组的昼夜节律和潜在导致疲劳的任务阶段计划的飞行途中休息（床铺 / 客舱）
· 更改飞行途中的休息结构
· 咖啡因
· 增加使用标准操作程序
· 在机组准备会期间考虑到疲劳因素
· 飞行机组成员通知他人自己的疲劳情况
· 更多地使用自动化
· 加强使用机组资源管理
· 在驾驶舱内有所控制地休息[②]
· 早班执勤前在 Rega 中心有针对性地提前睡眠[③]
· 在开始晚上执勤之前下午进行小睡[④]
· 病人在机场地面转移过程等待中进行小睡
· 使用驾驶舱 iPad

---

① Clockwork Research Ltd.（2011），p.178，p.220.

② Rosekind et al.（2009）.

③ Rupp, Wesensten, Bliese 和 Balkin（2009）。

④ Rupp et al.（2009）.

· 使用耳塞和睡眠面罩
· 使用自己的睡袋和枕头

由于这些全面深入的研究，以及管理层方面明确承诺在企业文化中将疲劳作为正式认可的安全风险，所以，我们在思想上就有可能发生改变，而且在执勤排班安排中也会认真考虑这一因素（图 10.4）。

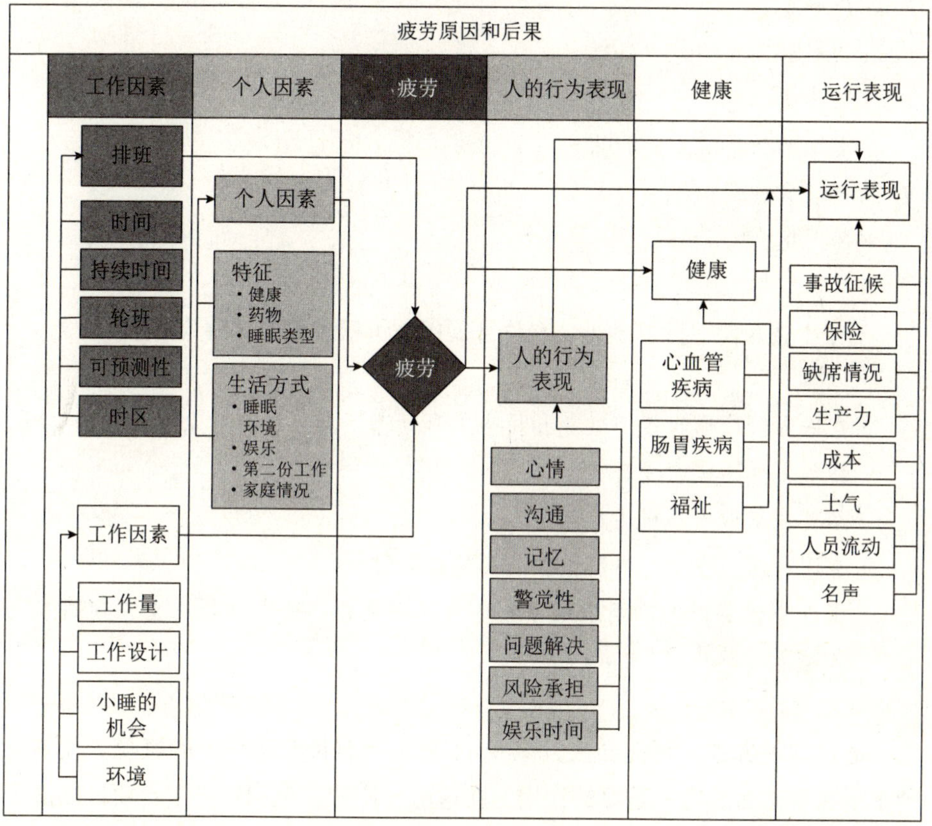

图 10.4 疲劳原因和后果的示例

资料来源：Clockwork 研究。

在运行层面，下列风险因素被考虑在内：

· 执勤小时
· 累计执勤时间
· 基本的最长飞行执勤时间

· 晚上、早上和傍晚的执勤
· 执勤延长
· 由于飞行中得以休息而延长执勤
· 调机和旅行
· 地面上的休息延长
· 机长的自由裁量权
· 机场备勤
· 在机场以外的地方备勤
· 基本的休息
· 基本的休息减少后的休息
· 延长和恢复休息
· 跨时区

对于上述风险，除其他外，允许开展以下可操作化的缓解策略：

· 在任务阶段通过疲劳避免和排班工具预测预期中的疲劳水平，在必要时，增加另外的机组成员
· 尽可能早地启动机组执勤
· 在同一时区中理想情况下预先安排人员过夜
· 根据昼夜节律的原则规划任务，尤其避免在昼夜节律低的窗口期间起飞和降落

通过这种方式，可能会大大减少11个小时超长航班任务的风险。预测疲劳水平在这方面发挥着重要的作用。在这里，疲劳避免和排班工具项目提供了可靠的计算基础，如同这次研究结果所表明的：

> 对这项任务来说，疲劳避免和排班工具是预测任务有效性的一个相当准确的工具[①]。

最初，有3种情况被认为是高风险，8种情况是中等风险。在一项起初整

---

① Clockwork Research Ltd.（2011），p.58.

体水平较高（关键风险指标 >11）的风险存在的所有情况下，当使用可操作化的缓解策略后，这一风险将降至大幅减少的中等剩余风险。因此，在所有超远程航班上只有一个中等的剩余风险。

在直升机飞行的领域，由于现有的可操作化的风险管理框架，整体的疲劳因素也被 Rega 很好地进行了管理（企业文化、新手使用指南、标准操作程序）。对于飞行机组人员而言，尤其是夜间飞行任务是很累人的。按照 Karolinska 睡眠测量方法[①]计算，晚上航班的数值针对每个飞行任务会增加一个点。此外，当使用夜视镜时，对此的影响增加了一倍[②]。与疲劳更多相关的是任务执勤的时间长度，其原因是，累积和急性的睡眠债，晚上阶段生理上不利的昼夜节律，醒来和直升机起飞之间的很短时段，以及执行夜间任务所具有的相当大的压力和劳累等。在这方面，和主要任务相比，任务的类型（绞车操作、搜索航班等）并不重要。同样，我们发现飞行员和直升机紧急医疗救护机组所经历的疲劳之间无显著的差异。

然而，现有的缓解策略可以更有效地实施。例如，虽然新手使用手册指定了 3 个小时的休息时间，而且被评估认为这是有益的，但是几乎没有人达到 3 个小时的休息。新手使用手册也规定了 6 个小时的休息（直升机基地暂时关闭时），目的是限制在晚上工作，但这也不总是由机组正确地执行。基地关闭后，机组人员会继续执行技术和行政任务，只有当这些任务完成后才会去睡觉。这造成了非计划性的和可避免的睡眠不足问题。

直升机基地现有的休息和睡眠设施被认为是非常好的。

对于执勤时间模型 48 个小时与 24 个小时，我们进行了比较研究，使用 48 个小时模型研究了总计 226 个任务中的 76 段执勤期飞行机组人员的疲劳和行为表现水平；使用 24 个小时模型研究了总计 366 个任务中的 138 段执勤期飞行机组人员的疲劳和行为表现水平，两者进行了对比。我们没有识别出与 24 个小时模型有关的可操作化的安全优势[③]，从而再次确认前面的直升机紧急医疗救护主要研究的结果（图 10.5）。

---

① Shahidetet al.（2012a）.

② Clockwork Research Ltd.（2012）.

③ Clockwork Research Ltd.（2013）.

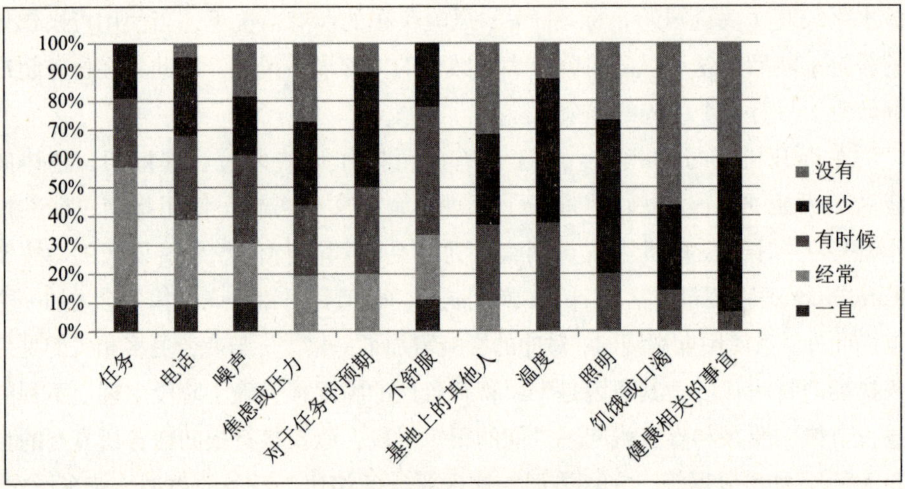

图 10.5 Rega 的疲劳风险研究

10.2.4 结论

尽管 Rega 允许其飞行机组进行休息，而且远远超出了法律要求，这些都是在疲劳风险管理系统引入之前，疲劳状态会产生潜在的安全风险已经被识别出。只有通过整理数据、分析和评价固定翼和直升机操作有关的风险后，才可能制定出特定的缓解战略。提高飞行机组人员将疲劳作为可操作化的风险因素的认识水平，使现在的组织机构正以专业的、科学的和负责任的方式加以管理疲劳因素。

然而，没有这样的情况——无差错的任务；每个操作者都会重复犯错误。虽然从纯粹的技术角度来看，持续地改进可以越来越多地减少差错，但人为差错的情况正在增加，这并不是由于日益复杂的技术和随之而来的更加日益复杂的现实——人机接口造成的。近几年，法规所要求的机组资源管理培训已经对人为差错提高了认识水平，提供了有效的识别方法和缓解策略。因此，按绝对值计算，更多的由人的因素引起的差错正在被识别出来，并且进行了沟通和避免。此外，研究疲劳问题的目的是教育员工提前认识到其中的人的因素，和由此产生的差错轨迹，尽量避免差错及随后差错产生的后果。为此目的，Rega 已制定了员工使用的 Rega 疲劳指南。

在操作层面，Rega 现在已经将疲劳因素纳入了任务的全面风险评估之中。在这里，我们可以预测疲劳的风险，并在必要时作出调整，以避免它的发生（参见 10.3 节）。为此目的，疲劳避免和排班工具预测提供了可靠的依据，根据有关的各种运行场景，按照人员和时间来评估，进而计算出最低的任务风险。

除了会危及安全外，睡眠债和疲劳也会导致生产力的降低及与它有关的企业不必要的高成本[①]。

10.2.5　讨论

疲劳风险管理系统必须成为一家企业安全管理体系中一个必不可少的组成部分。

除了识别风险外，疲劳风险管理系统还评估风险，并在差错轨迹最早的可能点引入有效的对策。仅仅着眼于航班运营不足以让运营人评估与疲劳相关的风险，往往会导致被低估的结果。甚至是最好的和休息最充分的飞行员也不能完全抵消由疲劳的维修人员所产生的技术差错。被遗忘的锁销、在太高或太低的扭矩拧紧的螺母，或者甚至把螺栓或工具配件遗忘在飞机关键部位这样的典型差错，都是严重故障产生的潜在原因，这都与那些由于在认知上存在问题而导致生理上过度疲劳的维护和服务人员有关（图 10.6）。

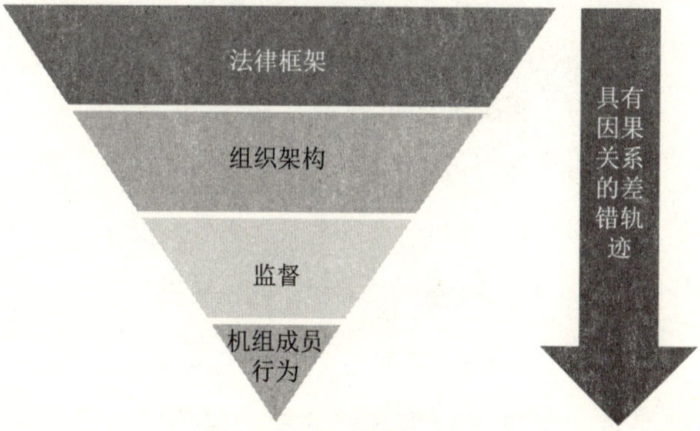

图 10.6　差错级别和差错轨迹

识别出的潜在差错发展轨迹必须在动态风险管理框架内不断地进行重新评估，并对缓解策略进行必要的修改，以尽可能早地抵消潜在严重差错的形成。这一原则并不是疲劳风险管理系统所特有的，它适用于总体上的质量管理框架，尤其是安全管理框架。我们不必建立疲劳风险管理系统作为安全管理体系的平行结构。与此相反，当工作人员的疲劳事宜进入企业安全管理体系作为差错的发生源，那么疲劳风险管理系统会得到最佳的应用（图 10.7）。整体上来

① Rosekind et al.（2010）.

说，安全在很大程度上取决于这种重新评价的频率和质量（图 10.8）。

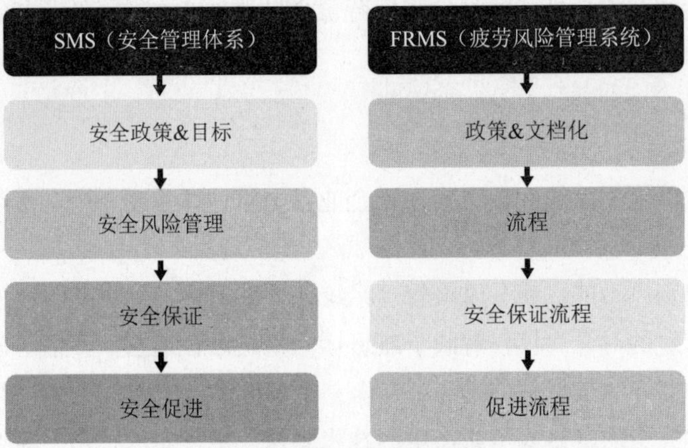

图 10.7　疲劳风险管理系统是安全管理体系的有机组成部分

资料来源：国际航空公司机师协会国际联合会 / 国际民航组织 / 国际航协。

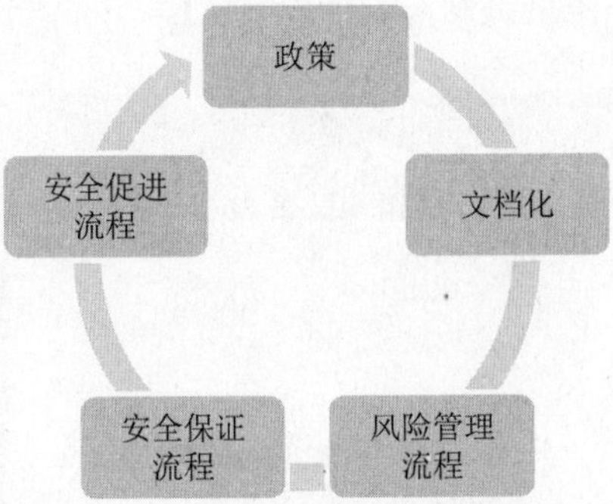

图 10.8　疲劳风险管理系统组件

我们应明确注意一个单一行为偏好的较大风险，这是一个无限的管理过程。对于那些认为这些风险是非常昂贵的人来说，可以计算一下技术不安全事件（例如超过直升机桨轴的力矩、液压故障、在发动机发现外来物）或更糟的一次事故后果所带来的潜在的财务、声誉和法律费用。

Rega 研究的结果是基于特定的运行操作的，因此，研究结果是针对具体企业的。简单地把详细的研究结果转移到其他运营人那里，这种做法是不恰当的，并具有潜在的危险性。与一家企业有关的结果能“诱使”另一家企业建立起一种虚假的安全感。为此，Rega 避免发布任何具体的测量结果。

所有飞行运营人都必须遵守适当的国家和超国家法律以及国际法律条文，例如《芝加哥公约（国际民航组织附件）》、欧盟的法律、《欧洲航空运行规则

[欧洲委员会条例（欧盟）965/2012 号]》《瑞士债法典》《瑞士航空法》《瑞士劳动法》《瑞士航空指令》《商业航空运输飞机运行的法规》以及《商业民用航空运行法规的条例》等。上述所有法规是有关疲劳风险管理系统均涉及的个别零散点。此外，还有集体的或企业雇佣协议。企业治理原则践行良好的公司企业还需要考虑不受法律管辖的情况，但是这有利于他们企业和员工的情况。这包括不允许已经疲劳的员工自己开车回家，或比法律规定安排更多的休息时间。Rega 在所有基地都提供供其雇员休息的设施，而且这些设计是基于最新的睡眠研究而开发的成果。这不仅为飞行机组人员提供了住宿，还促成了高质量的睡眠。在公司总部和所有的直升机基地，Rega 安排了几栋公寓楼，可以预约免费使用。它还支付乘坐公共交通工具旅行的费用，这样疲惫的机组人员就不需要自己驱车回家。此外，Rega 除了法定的休息时间外，还引入了所谓的“补偿时间”，补偿时间的休息长度大约和法定休息时间相同，目的是确保飞行机组人员执勤时已得到很好的休息。像所有的研究显示的一样，我们需要更加强调确保有充足的睡眠后才开始执勤，现有的睡眠债不可以在任务执勤期间进行补偿，否则会相应地增加风险。

10.3　应对疲劳的措施

10.3.1　监管建议对策

过去，立法者已经通过调节工作的持续时间和非工作时间采取监管的办法来预防疲劳问题。在航空领域，这在许多国家就是所谓的“飞行时间限制和休息要求”。然而，这一要求并非总是很明确地适用于那里的法律法规。

例如，如果一名拥有瑞士联邦民用航空局的执照的瑞士机长，和一名奥地利的副驾驶（拥有欧洲航空安全局的执照）驾驶一架在美国注册的飞机，代表一家埃及航空公司在俄罗斯境内运行，那么，问题就出现了，这适用于什么样的法规？国际民航组织附件 6 附录 2 中，国际民航组织定义了《运行手册》的构成和内容，其在 2.1.2（a）部分明确要求，飞行和休息时间应在疲劳风险管理的框架内实施。在欧洲，法律所规定的框架条件是特定于运营人的，是由运营人按照《欧盟航空运行条例》第 1.1045 号第 A.6.1 段第 j 部分《运行手册概述 / 基本部分》的附录 1 进行定义的。主管的监督机构负责审批运行手册，以确保遵守适用的法律和法规。航空运行控制中心对于飞行和休息时间具有决定性的作用。在上述假设的情况下，这应该由埃及发布。就《运行手册》的批准而言，埃及在欧洲航空安全局的管辖范围之外。然而，因为埃及签署了《蒙特利尔公约》，并因此承认国际民航组织，所以它也受国际民航组织指导准则的约束。不过，这些只是监管《运行手册》的组成架构，而不是飞行和休息时间的具体长度。在上面的示例中，《运行手册》的构成内容最有可能符合法定的标准。然而，基于假设的基础上，埃及当局有可能批准 18 个小时不间断的飞行时间。从而，对于两名飞行员安排 15 个小时不休息不间断的飞行时间可能会正式合法化，尽管这会非常轻率，因为有可能会产生疲劳的风险。

10.3.1.1 硬规则

一般来说，立法者和当局对于促进安全有很高的兴趣。然而，他们对于通过简单和直接的方式监管其规章也有同样的兴趣。到目前为止，立法者解决疲劳风险仅是通过简单的适用无大差别的法规，只规定最长的工作时间和最小数量的休息时间。然而，单单是在瑞士，航空业领域的工作时间法规是一个非常复杂的问题[①]。这种限制主要是为了保护员工。立法者面临的挑战是满足所有运营人以及所有情况下可预见和不可预知的需要。只有当最低安全标准包括所有可能出现的偏差可以精确地进行定义，或者，在所有企业缺乏对潜在具体风险的识别，当安全缓冲区足够大时，那么，这“一个尺寸适合所有”的理念才会发挥作用。在许多技术领域，可以采用这种所谓的“硬规则”，并且以有效的方式加以应用（参见欧洲航空安全局的认证规范，欧洲标准）。

然而，很难理解，为什么应该把一个成功和有效的技术事项模型用于五花八门的人类行为所产生的潜在风险相关后果上。我们可能会实施法律和指令，而且是通过有意义和安全的方式去施行，既不损害安全，也不会通过对市场过度监管或甚至官僚主义政治而施加负担。这就让我们回忆起第 1677/88 号前欧洲委员会条例——所谓的“黄瓜法规”——在布鲁塞尔的欧盟监管机构甚至指定黄瓜的曲度曲率作为质量标准。这个标准现在已经废除，因为立法者认识到，针对特定的产品，这样通过指令和控制进行管理并不是方便有利的（图 10.9）。

---

① Neuhaus 和 Buholzer（2013）。

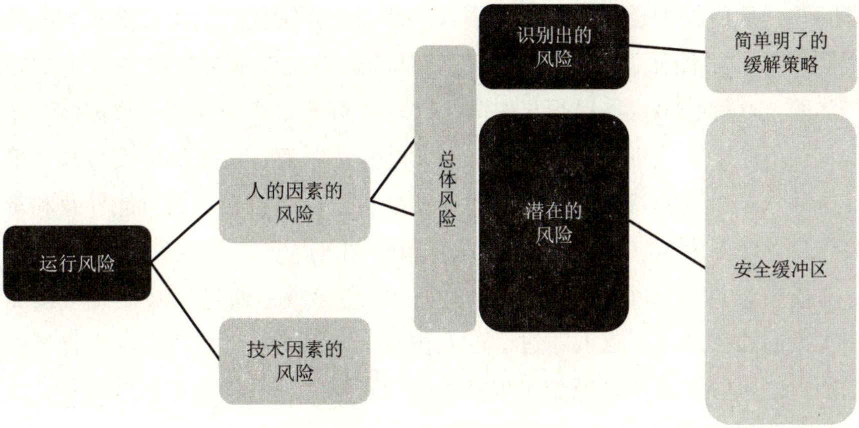

图 10.9　所谓硬规则的概念

资料来源：作者自绘。

10.3.1.2　软规则

严格刚性的飞行和休息时间法规（硬规则）所对应的是一个面向结果的风险管理过程，这要求对与疲劳相关的风险定期进行识别和评估。它还使运行过程得以积极主动适应所有航班运营人制定各类缓解策略，并要求实施。在这里，立法者确定了安全目标，然后必须通过运营人其内部的风险管理过程而实现。

> 可接受的安全水平表示监督机构、运营人或服务提供商的安全目标。从监督当局与运营人 / 服务提供商之间关系的角度来看，可接受的安全水平提供最低的安全目标，这些目标对于运营人 / 服务提供商实施核心商业功能运行是可以实现的，对于监督机构是可以接受的[①]。

一个具有安全目标以结果为导向的过程，包括安全水平的目标，还会促进技术创新的准备。将来，创新使它可能达到或甚至超越现有的安全水平，而且更容易、成本更低。几十年来，卡车的速度限制一直是 80 千米 / 小时。这个硬性的规定基于原来卡车装有旧型鼓式制动器和没有防锁死刹车系统的情况下所具备的刹车性能，这已经是几十年前的规范了。当卡车速度限制被引入时，这个最大速度无疑是合适的，因为这包括在不良的驾驶条件下防止卡车制动距离

---

① 国际民航组织（ICAO）（2009）。

出现问题，从而保护道路的其他使用者。然而，在现代，大多数卡车均配备了盘式制动器和防锁死刹车系统，它们的制动能力是明显优于原先规定的距离的。然而，这种技术发展已很长时间了，但是对于生产商而言，改进体系基本上没有获得激励。从理论上讲，定义最大的停止距离，以及其他安全和环境标准，这种做法会更明智些。如果所需的安全水平得以符合，它可能导致和车型相关的最大速度为 90 千米 / 小时或 100 千米 / 小时。

在航空领域，一个以结果为导向的过程会导致：通过明确具有可接受的安全水平的法律规章，以及通过运营人积极与全面的风险管理，从而让那些未被识别出的风险可以主动减少。积极的疲劳风险管理过程还将识别出不是立即与疲劳相关联的潜在风险，这将实现积极的附加效果。因此，“安全是值得的”这一说法在这两点上都是正确的。此外，通过创新管理，关于安全的企业文化肯定会得以改进。

因此，很难理解为什么泛欧洲硬规则中指定最长执勤时间为 12 个小时。在一些直升机基地，12 个小时已经很长了，因为到了这个时候，机组人员由于疲劳已出现显著的认知功能障碍，这些是由于在不利的昼夜节律期间执行任务的数量和时间长度所导致的。另外，其他直升机基地可能不进行任何任务，结果是机组成员不可能出现疲劳。在偏远地区，96 个小时内可能仅飞行 4 个或 5 个任务。在正常的情况下，这将相当于每天完成一个任务使命。如果是这种较低飞行频率、不间断的执勤期，飞行机组人员就不太可能出现疲劳，因而可以符合所规定的安全水平。事实上，飞行人员频繁变化会导致失去实施任务所累积的经验，反而会对飞行安全产生负面的影响。此外，机组将面临更大的风险，更多时间花在了公路上折腾——这也是完全没有必要的，因为这种僵硬的衡量标准无论如何也不会改进飞行安全（图 10.10）。

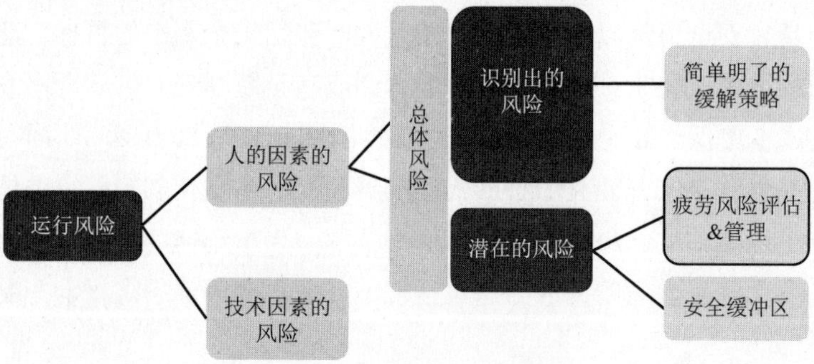

图 10.10 所谓软规则的概念

资料来源：作者自绘。

立法者应该鼓励企业积极和主动地评估疲劳的风险。然而，只有给运营人以激励，不断优化其过程，并在同时维护或提供安全水平，才可以积极主动地评估疲劳带来的风险。

10.3.2 组织性的建议

很清楚，一些企业需要改变它们思维的方式，并且意识到简单完成检查单和遵守法律规定并不能保证飞行安全运行。即使法律得到遵守，涉及死亡的严重事故也可能会发生，在世界各地不幸的案例不断地证明了这个事实。最后，不管法律、条例和标准如何，它必须符合每个航空运营人的利益，使其服务具有最高程度的安全水平，并成功和主动地降低疲劳所带来的潜在高风险。当然，这也适用于所有其他风险。

这种责任——相对于乘客、机组人员和维修人员——必须积极地承担起来。所谓“转嫁”或“委托”这一基本责任到第三方，包括立法者（第 10.3.1 节），并不符合优秀的企业治理做法。企业管理层明确、持续地承诺引入一种积极进取的、全企业范围的安全文化是绝对有必要的。即使是最好的策略，由于忽视安全的误导性的企业文化也可能失效。这也符合管理格言，“文化能把战略当早餐吃”（彼得•德鲁克）。

如果企业希望它们的员工公开、诚实地来处理自己的差错，并在内部讨论它们，以防止其他机组再犯同样的差错，那么，一个非惩罚性的企业文化是非常必要的。人会犯错，而不是引发破坏性的长篇攻击——“恶骂——责备——耻辱——索赔”，事故甚至更多的事故征候事件可以被视为有价值的、具有建设性的要素，其对于越来越智能化的学习型组织而言是有益的。

疲劳可以由一大堆因素触发，这些因素对于员工多少都会产生影响，比如夜间噪声导致睡眠不足。关键的问题在于员工要形成疲劳所带来的风险意识，并相应地积极主动地为自己和同事处理和管理问题[①]。为此目的，运营人应通过指南（例如 Rega 疲劳指南）的形式发布可能的对策。

这也包括如下事实：飞行机组成员在任何时间，在开始执勤之前应该能够报告“不适合飞行”，而无须受到责备、批评或“审讯”。它还包括员工以建设性的方式说明健康损害情况，诸如那些因过度疲劳对于健康的损害，这样做的目的是规避安全风险，并且及时和提前寻求适当的解决方案。当然，这

---

① Caldwell（2005）.

种制度不应该被滥用，如故意或严重疏忽违规而给整体的、系统的、非惩罚性的赦免。由欧洲直升机安全团队进行的调查显示，只有 16% 的所有不安全行为是和违规或故意无视规则和法规有关。绝大多数（84%）是人为差错的结果。在这些差错中，72% 是由于疲劳（做出判断和决策差错占 60%，知觉差错占 12%）[①]，其余的差错是基于技能的（28%），这可能只是部分归因于疲劳因素，因为技能缺陷已经在此之前非常明显。相反，在资质差错情况下疲劳对于补偿机制（图 10.11）具有不利的影响。

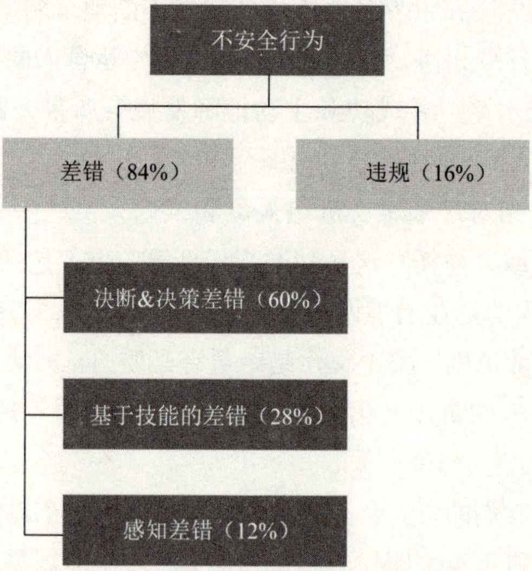

图 10.11 不安全行为的原因（欧洲直升机安全小组，2008 年）

资料来源：作者自绘。

欧洲直升机安全团队也发现了关于不安全行为的原因，个人（60%）当前状态加上环境因素（17%）占据了很大比重，这些因素受到疲劳（77%）的影响。此外，一般个人因素（23%）也发挥了重要作用（图 10.12）。

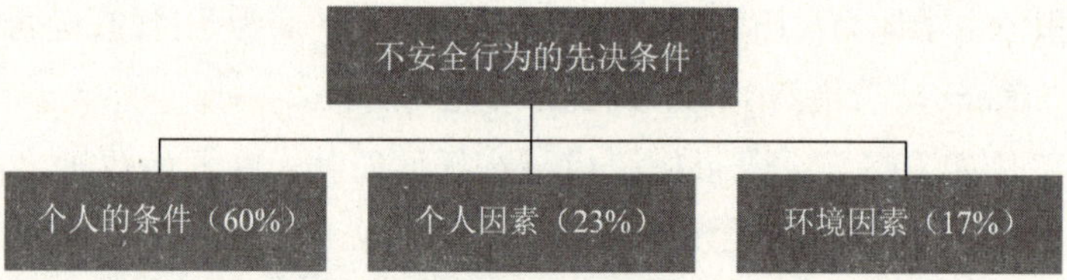

图 10.12 不安全行为的先决条件（欧洲直升机安全小组，2008 年）

资料来源：作者自绘。

① EHEST（2008）.

在任务规划阶段就应考虑到昼夜节律方面的影响，例如，具有选择性的任务，就应避免从一开始就精明地选择开始执勤时期的最佳时间（早或晚）。糟糕的任务规划是最大的监督问题，这甚至比有缺陷的监督要更为糟糕[①]，这就是为什么我们会在第 10.3.3 节更详细地探讨此问题的原因。

即使是最好的安全文化也需要明确的程序。在航空领域，安全管理体系是企业安全的核心项目。这应该整合疲劳风险管理系统，使其作为与疲劳相关的风险核心过程。运用疲劳风险管理系统就像运用安全管理体系一样，需要一个全面综合性的方法，而且，维修和服务过程中的疲劳也应该和飞行运行一起被考虑在内（第 10.2.5 节）。

在轮班结束时，运营人可以为已经疲劳的飞行人员提供安全回家的各种选择[②]，例如，可以让飞行人员回家之前先睡一觉，或者公司付费让飞行人员乘搭公共交通工具。

从长期来看，企业通过为其工作人员提供促进健康的设施和活动，也可受益于拥有更加警觉性的员工，如符合人体工程学设计的工作场所、健康食品、提供资助的健身俱乐部会员资格、企业运动队和一般健康的教育等。

10.3.3　监督建议

在实施企业安全文化及相关项目时，经理或主管人员形成高级管理层和员工之间的一体化联系。企业文化是企业内行为、习惯、共同历史和预期未来的总和。主管人员则相应地更为重要，因为他们作为榜样，在日常各个领域中传承企业文化。至关重要的是，他们都意识到了自己所发挥的关键作用，他们在促进安全文化时是自愿的和无条件的。如果他们无法建立起真正可信的角色，那么他们更有可能会破坏健康的安全文化而不是加强它。

主管还应将疲劳因素纳入他们日常的任务讨论之中，以定期处理所涉及的问题。他们知道“他们的”员工，可以确保企业使用所提供的各种可能性，以避免疲劳产生，如可能需要做出值班制度的更改，以防止急性或累积睡眠债或其他疲劳促进因素。为此，主管不断地从疲劳风险管理过程中获得新发现，并且参与到企业范围防疲劳项目的进一步发展中，他们从这些项目中获取日常经验。

---

① EHEST（2008）.

② Scott et al.（2007）.

10.3.4 个人建议

在差错的轨迹中，最后一道“防御层”主要在于积极主动的一线运行人员，如飞行员、直升机紧急医疗救护机组成员、急诊医师、护理人员、飞行护士、机务人员和航空电子设备的工程师。疲劳的症状和迹象包括：

- 在关注度和警惕性方面出现疏忽
- 反应时间放慢
- 糟糕的决策
- 运动协调能力下降
- 频繁打哈欠
- 坐立不安
- 喜怒无常
- 听演说时不充分或没有响应
- 频繁眨眼和/或长时间眼皮垂下
- 意外和不受控制的小睡

工作人员对于与疲劳相关的风险应该有高度的责任感，如果他们的行为在其执勤期间的任何时候由于疲劳而削弱，如果风险存在于规定、可接受的范围之外，那么他们就不应该从事日常的工作。在这方面，也应考虑到旨在减轻疲劳可能的干预活动（第 10.2 节），可以考虑采取以下措施（图 10.13）。

在航空业中，强烈劝阻飞行人员不要使用睡眠诱导物质来提高睡眠的质量和数量。由于不能为此类药品和药方提供足够精确的剂量，因此，有可能在执勤任务时仍有相对较高剂量的药品残存在体内。此外，我们也反对摄取有针对性的药物以提高警觉性或延长清醒的时间，因为除了对员工无效和身体产生副作用外，物质活性更迅速的降解可能导致过早地发生急性疲劳，并因此使身体更不宜执勤[①]。

此外，参与支持过程的员工，如任务协调员、签派人员或后勤人员，应该不仅观察和评估自己的疲劳，也要注意机组人员疲劳的迹象，并在必要时为他们提供适当的建设性反馈或建议他们采取替代行动。

---

① Dawson 和 McCulloch（2005）。

短期措施

•疲劳的感觉或迹象增加时，通知对方
•减少环境干扰，如在飞机或酒店中休息时戴着耳塞或面罩
•采取有针对性的和有计划的约30—45分钟的小睡
•暴露于光线中
•在驾驶舱更多地使用自动化
•在任务中对于休息时间进行调整，满足团队成员中的个人需要
•社会互动
•咖啡因

中期措施

•合适的和充足的睡眠

长期措施

•健康饮食
•良好的健身

图 10.13　个人补偿措施

参考文献

1.Akerstedt，T.（2000）. Consensus statement: Fatigue and accidents in transport operations. *Journal of Sleep Research*，*9*，395.

2.Caldwell，J. A.（2005）. Fatigue in aviation. *Travel Medicine and Infectious Disease*，*3*，85-96.

3.Clockwork Research Ltd.（2011）. *Fatigue case studies of ultra long-range missions.* Study report，London.

4.Clockwork Research Ltd.（2012）. *The sleep，sleepiness and safety of Rega HEMS crew.* Study report，London.

5.Clockwork Research Ltd.（2013）. *A study of the sleep，sleepiness and safety of HEMS crew working a trial 24h schedule.* Study report，London.

6.Compton，R. P.，Blomberg，R. D.，Moscowitz，H.，Bums，M.，Peck，R. C.，& Fiorentino，D.（2002）. Crash risk of alcohol impaired driving. In *Proceedings of the 16th international conference on alcohol，drugs and traffic safety*（pp. 39-44）. Ottawa: Transportation Association of Canada.

7.Dawson，D.，& McCulloch，K.（2005）. Managing fatigue: It' s about sleep. *Sleep Medicine Reviews*，*9*，365-380.

8.Dawson, D., & Reid, K. (1997, July 17). Fatigue, alcohol and performance impairment. *Nature*, *388*, 235.

9.EHEST. (2008, August 2008). Commission Regulation (EC) No 859/2008 (OPS-1).

10.International Civil Aviation Organization (ICAO). (2009). ICAO safety management SARPs. In *Safety Management Manual* (*Doc. 9859*) (2nd ed.). Montreal: International Civil Aviation Organization (ICAO).

11.International Civil Aviation Organization (ICAO). (2012). *Fatigue risk management systems —Manual for regulators* (*Doc. 9966*) (1st ed.). Montreal: International Civil Aviation Organization (ICAO).

12.Lamond, N., & Dawson, D. (1999). Quantifying the performance impairment associated with fatigue. *Journal of Sleep Research*, *8*, 255-262.

13.Neuhaus, A., & Buholzer, P. (2013). In R. Muller & A. Wittmer (Eds.), *Arbeitszeitvorschriften in der gewerbsmassigen Lufifahrt*, Zurich: Dike Verlag AG.

14.Putilov, A. A., & Donskaya, O. G. (2013, July). Construction and validation of the EEG analogues of the Karolinska sleepiness scale based on the Karolinska drowsiness test. *Clinical Neurophysiology*, *124* (7), 1346-1352.

15.Rajaratnam, S. M., & Arendt, J. (2001, September 22). Health in a 24-h society. *The Lancet*, *358* (9286), 999-1005.

16.Rosekind, M. R., Gregory, K. B., Mallis, M. M., Brandt, S. L., Seal, B., & Lemer, D. (2010, January). The cost of poor sleep: Workplace productivity loss and associated costs. *Journal of Occupational and Environmental Medicine*, *52*, 91-98.

17.Rosekind, M. R., Smith, R. M., Miller, D. L., Co, E. L., Gregory, K. B., Webbon, L. L., et al. (2009, January 20). Alertness management: Strategic naps in operational settings. *Journal of Sleep Research*, *4*, 62-66.

18.Rupp, T. L., Wesensten, N. J., Bliese, P. D., & Balkin, T. J. (2009). Banking sleep: Realization of benefits during subsequent sleep restriction and recovery. *Sleep*, *32* (3), 311-321.

19.Samn, S. W., & Perelli, L. P. (1982). *Estimating aircrew fatigue: A technique with application to airlift operations.* Brooks Air Force Base: USAF School of Aerospace Medicine.

20.Sasaki, M., Kurosaki, Y., Mori, A., & Endo, S. (1986, December). Patterns of sleep-wakefulness before and after transmeridian flight in commercial airline pilots. *Aviation, Space, and Environmental Medicine*, *57* (12 Pt 2), B29-B42.

21.Scott, L. D., Hwang, W.-T., Rogers, A. E., Nysse, T., Dean, G. E., & Dinges, D. F. (2007, December 1). The relationship between nurse work schedules, sleep duration, and drowsy driving. *Sleep*, 30 (12), 1801-1807.

22.Shahid，A.，Wilkinson，K.，Marcu，*S*.，& Shapiro，C. M.（2012a）. Karolinska Sleepiness Scale（KSS）. In A. Shahid，K. Wilkinson，S. Marcu，& C. M. Shapiro（Eds.），*STOP*，*THAT and One Hundred Other Sleep Scales*（pp. 209-210）. New York: Springer.

23.Shahid，A.，Wilkinson，K.，Marcu，S.，& Shapiro，C. M.（2012b）. Visual Analogue Scale to Evaluate Fatigue Severity（VAS-F）. In A. Shahid，K. Wilkinson，S.，Marcu，& C. M. Shapiro（Eds.），*STOP*，*THAT and One Hundred Other Sleep Scales*（pp. 399-402）. New York: Springer.

24.Thome，D. R.，Johnson，D. *E*.，Redmond，D. P.，Sing，H. C.，Belenky，G.，& Shapiro，J. M.（2005）. The Walter Reed palm-held psychomotor vigilance test. *Behavior Research Methods*，*37*（1），111-118.

25.Van Dongen，H. P.，Belenky，G.，& Krueger，J. M.（2011，September 1）. A local，bottom-up perspective on sleep deprivation and neurobehavioral performance. *Current Topics in Medicinal Chemistiy*，11（19），2414-2422.

26.Van Dongen，H. P.，Maislin，G.，Mullington，J.，& Dinges，D. F.（2003，January）. The cumulative cost of additional wakefulness: Dose-response effects on neurobehavioral functions and sleep physiology from chronic sleep restriction and total sleep deprivation. *Sleep*，*26*（2），117-126.

27.Williamson，A. M.，& Feyer，A.-M.（2000）. Moderate sleep deprivation produces impairments in cognitive and motor performance equivalent to legally prescribed levels of alcohol intoxication. *Occupational and Environmental Medicine*，*57*，649-655.

第 11 章　航空器事故调查

Roland Müller 和 Christopher Drax

除所有国内和国际法规及采取的积极主动的安全措施外，事故调查机构的调查结果对大家携手努力使航空业更安全也具有至关重要的作用。

事故调查机构（瑞士事故调查委员会）调查飞机事故，向瑞士联邦民航局董事会发布建议，后者提议采取改进航空安全的措施。

11.1　法航 447 航班 A330-203 航空器案例

以下飞机事故案例部分摘自法国航空公司 A330-203 飞机执行法航 447 航班从里约热内卢到巴黎飞机坠毁的最终调查报告。这架飞机在大西洋坠毁，机上 216 名乘客和 12 名机组人员全部死亡。这个案例作为一个例子来说明通常情况下和安全相关的发展趋势。按照标准操作程序，飞行员一直无法使用最适宜的知识和技能用于手动飞行操作。我们应该清楚地了解，在此事故案例中调查的细节信息只是作为案例进行讨论，而且我们以相对比较简化的方式讨论，以适合本节的讨论范围。

在 2009 年 5 月 31 日，空客 A330 飞机执行法航 447 航班，从里约热内卢加利昂比姆机场起飞，飞往巴黎的戴高乐国际机场。这架飞机联系巴西大西洋控制中心 ATLANTICO，在 FL350 高度沿着 INTOL—SALPU —ORARO—TASIL 航线飞行。2 时 02 分左右，机长离开驾驶舱。大约 2 时 08 分，机组改变航向左 12°，可能是为了避免气象雷达检测到的天气回波（图 11.1）[①]。

---

① Schneider（2012）.

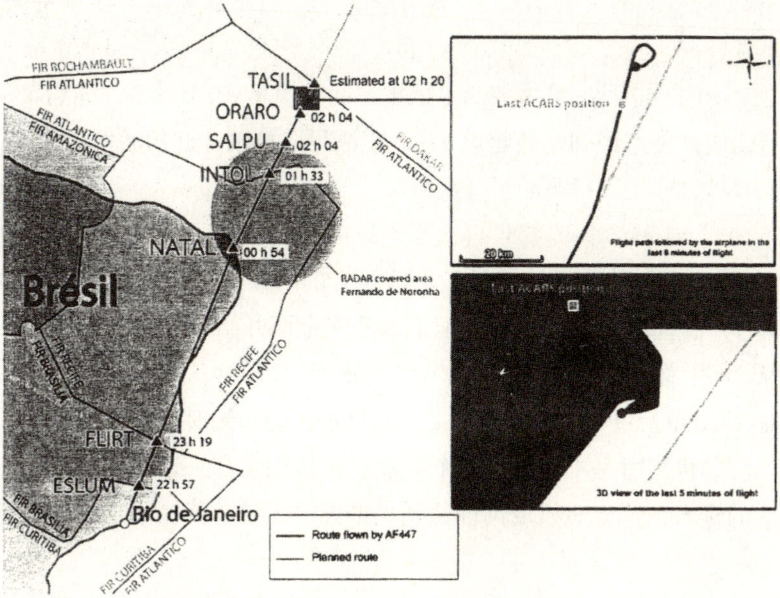

图 11.1 事故飞机始发的飞行路线

资料来源：法国民航事故调查局（2012）。

2 时 10 分 05 秒，自动驾驶仪自动油门断开，主飞行员说："我控制住了。"飞机开始向右滚动，主飞行员进行抬头和左输入。失速警告连续两次短暂触发。记录的参数表明：在左主飞行显示器速度显示带从约 275 节急剧下降至 60 节，几分钟后在综合备用仪表系统上显示了如此变化的速度。飞行控制法则从正常重新转到备用法则。机组没有断开飞行指引，但十字指引消失了。

2 时 10 分 16 秒，非主飞行员说："我们失去了速度然后是备用法则保护。"主飞行员做了快速并且大量的横滚输入，基本上就是把侧杆从一头转到了另一头。他还增加抬头输入，导致飞机的俯仰姿态在 10 秒内增加到了 11°。

在 2 时 10 分 18 秒和 2 时 10 分 25 秒之间，非主飞行员以杂乱无章的方式读出了飞机中央电子监控系统上的信息。他提到自动油门断开，是备用法则飞行。推力锁定模式没有生效。非主飞行员喊话，并打开机翼防冰，他说，飞机正在爬升，要求主飞行员几次下降。然后，主飞行员进行了几次低头（降低飞机机头）的输入，导致了俯仰姿态和垂直速度的减少。这架飞机当时在大约 37000 英尺继续爬升。

在约 2 时 10 分 36 秒，左侧的速度带再次显示是正确的，当时是 223 节；综合备用仪表系统上的速度显示仍然是错误的。自从自动驾驶仪断开和飞机开始爬升以来，飞机失去了约 50 节的速度。左侧显示速度不正确的时间为 29 秒。

在 2 时 10 分 47 秒，推力控制手柄被拉回到慢车 /CLB 卡位 2/3（85%N1）。两秒钟后，俯仰姿态回到略微超过 6°，横滚得以控制，迎角略低于 5°。从 2 时 10 分 50 秒，非主飞行员叫了几次机长。

2 时 10 分 51 秒，失速警告再次以连续的方式触发。推力手柄放置到 TO/GA，主飞行员进行抬头输入。触发失速警告的时候，飞机数据器记录的迎角大约在 6°，而且还在继续增加。配平水平安定面开始向上运动，在约 1 分钟之内，从 3° 上仰至 13°，保持 13° 姿态直到飞行结束。约 15 秒后，在右侧 PFD 选择了 ADR3，PF 一边的速度带此时显示正确，同时综合备用仪表系统上显示正确。飞机当时是 185 节，三个显示空速是相吻合一致的。主飞行员继续飞机抬头的输入，这架飞机的高度达到其最大约 38000 英尺；它的俯仰姿态和迎角是 16°。

2 时 11 分 37 秒，非主飞行员说："交左座控制。"他没有任何喊话就接管了飞机并继续操纵飞机。没有任何喊话的情况下，主飞行员几乎立即夺回了优先控制权，并继续操纵飞机。

大约 2 时 11 分 42 秒，机长重新进入驾驶舱。在接下来的几秒内，所有记录的速度是不准确的，失速警告持续响了 54 秒后停止了。那时，飞机高度在 35000 英尺，迎角超过了 40°，然后垂直速度大约是 -10000 英尺 / 分钟。这架飞机的俯仰姿态没有超过 15°，引擎 N1 接近 100%。飞机向右横滚，有时达到 40°。主飞行员向左侧杆输入到底，机头上仰，历时约 30 秒。

2 时 12 分 02 秒，主飞行员说："我没有更多的显示。"非主飞行员说："我们没有正确的指示。"那一刻，推力手柄处于慢车 IDLE 位，引擎 N1 是 55%。约 15 秒后，主飞行员做出了机头向下的输入。在接下来的时间，迎角减小，速度再次显示正确，失速警告再次触发。

2 时 13 分 32 秒，主飞行员说："我们要到 FL100。"约 15 秒后，飞机记录了两名飞行员同时的侧杆输入，主飞行员说："来，你来控制飞机。"

迎角在有效的时候，总是保持在 35° 以上。

从 2 时 14 分 17 秒，近地警告系统出现"下沉率"警戒信息，然后"拉起"警告响起。

这些录音在 2 时 14 分 28 秒停止。最后一次记录值是垂直速度——-10912 英尺 / 分钟，107 节的地速，俯仰姿态抬头 16.2°，横滚角左 5.3°，磁航向

270°（图 11.2）。

图 11.2 飞行阶段最后几秒的飞机姿态

资料来源：法国民航事故调查局（2012）。

机组没有发出紧急信息。飞机残骸被发现的位置，是在 2011 年 4 月 2 日，飞机发出最后一个位置报的径向线 019 在大约 6.5 海里外的 3900 米深度[①]。

· 对飞机残骸进行的检查表明，飞机没有释压，并且在飞机撞击水面的时候：

——这架飞机是完好的；

——飞机撞击水面的时候是机头向上的姿态，轻微的倾斜，很高的垂直速度；

——襟翼是收回状态；

——引擎处于最高转速；

——水平安定面接近其最大的抬头位置。

· 从飞行数据记录器数据的分析证实了这一信息。

· 冰晶体在巡航阶段堵塞皮托管，这个现象是已知的，但被在事故发生时的航空界所误解了。从运行的角度来看，所有空速信息的丢失是确定的故障。在研究涉及机组基本驾驶技术的初步反应以后，如果必要，通过按照相关联的程序详细要求预防性输入俯仰姿态和推力，这种堵塞情况应该可以被飞行员进行分析判断和实施管理。

· 在巡航飞行中失效的发生完全让法航 447 航班机组人员惊慌失措。在高空湍流中操作飞机的困难导致主飞行员过度操作横滚和急剧的抬头输入。爬升的飞行路径和俯仰姿态、垂直速度变化等造成飞机不稳定，因此增加了不正确的空速指示和飞机中央电子监控系统的信息，这些都没有帮

① Schneider（2012）.

助机组人员进行正确的分析诊断。机组，其工作不断被干扰和打断，可能永远没有意识到他们面临的是“简单”地失去了所有的三个空速来源。

- 自动驾驶断开后的第1分钟，机组试图了解情况但失败了，机组合作中断，产生了多重的影响，包括对事态局势总体上丧失了认知控制。将空速信息丢失作为“重大”分类，这样的行为假设在这次事故的背景中没有得到确认。因此，这种分类的确认按照运行反馈需要额外的证实工作，以便在必要时，修改机组培训和提供给他们信息的人机工程学设计及程序设计。
- 飞机进入持续的失速状态，失速警告和强抖振发出了信号。尽管出现了这些持续的状况，机组从来不明白飞机是在失速的情况下，因此永远不会采取任何失速改出机动。警告系统的人机工程学设计和飞行员面对失速的专业和复训进行培训的条件，二者的结合没有导致机组实施合理可靠的、预期的行为模式。
- 目前，失速警告的识别，甚至当伴有抖振时，假定机组对此警告分配了最低限度的“合理性”。这反过来假定：对于失速状态前足够的经验，至少具有一些可用的认知和对情况的理解，以及对于飞机（和其保护模式）及其飞行物理特性的理解。对于飞行员培训的审查没有提供令人信服的证据——相关的技能是否已经被正确地培养和维护。
- 预期的程序响应所出现的双重失效显示了当前安全模式的局限性。当人们期望机组采取行动时，总是假定他们有能力从一开始就控制飞行路径，迅速诊断并识别出程序中正确的条目。机组人员可能会遇到预想不到的情况导致短暂而又深度丧失认知。如果，在这种情况下，最初具有控制能力，然后诊断判断能力又丢失了，那么，安全模式就是“共同失效模式”。如果这种情况发生，没有能力最初控制飞行路径也使得机组不可能理解当时的情况并找到适当的解决办法。
- 以下发生的系列事件导致了这起事故：

  ——测得的空速之间临时不一致，可能是由冰晶导致皮托管探头堵塞，特别是导致自动驾驶仪断开，飞机进入备用法则；

  ——不恰当的控制输入导致飞行路径不稳定；

  ——机组没有在指示空速错误和适当程序之间建立连接；

  ——非主飞行员较晚发现飞行路径的偏差，以及主飞行员校正不足；

  ——机组没有识别出失速的途径，对于失速和飞行包线保护缺乏立即的反应；

——机组未能诊断分析失速情况，因此没有做出任何可能机动改出的行动（图 11.3、图 11.4）。[1], [2]

A330 AIR FRANCE FLIGHT CREW OPERATING MANUAL	ABNORMAL AND EMERGENCY NAVIGATION	3.02.34	P 18
		SEQ 210	REV 24

R **UNRELIABLE SPEED INDIC/ADR CHECK PROC (CONT'D)**

● **If the safe conduct of the flight is impacted :**

MEMORY ITEMS :
- AP/FD...OFF
- A/THR..OFF
- PITCH/THRUST :
  - Below THRUST RED ALT..................................15°/TOGA
  - Above THRUST RED ALT and Below FL 100....................10°/CLB
  - Above THRUST RED ALT and Above FL 100....................5°/CLB
- FLAPS......................................Maintain current CONFIG
- SPEEDBRAKES....................................Check retracted
- L/G...UP

When at, or above MSA or Circuit Altitude: level off for troubleshooting

GFC5-05-0234-018-A210AA

- GPS ALTITUDE .... Display on MCDU

● **To level off for troubleshooting** :

R – AP/FD .... OFF

R – A/THR .... OFF

Note : Check the actual slat/flap config. on ECAM, as flap auto-retraction may occur.

R PITCH/THRUST FOR INITIAL LEVEL OFF

Normal flight attitude (Level OFF respectively Level Flight)
Not bold and not indicated as main point

图 11.3 空客公司提供给法航的飞行机组操作手册

资料来源：法国民航事故调查局（2012）。

必须指出的是，飞行员不是坠机事故背后的唯一因素，在飞行员训练开始阶段许多因素就已经扮演了各种角色。前面已经提到，没有任何令人信服的证据表明，应正确地开发培养所需的失速改出技能；对飞行机组飞机类型持续性培训中也没有一直持续不断地维护失速改出技能。每个飞行机组成员失速改出训练是用 A320 飞机，但在 A330 上没有专门的失速改出程序培训。此外，A330 和 A340 只是注重和已经签发的型别等级（A320、A330 和 A340）的差异。

① Schneider（2012）.

② 法国民航事故调查分析局（2012）。

A330/340 **Procédures anormales complémentaires** TU 03.03.27. 01
AIR FRANCE 15 FEB 07
OA.NT
ATA 27 - COMMANDES DE VOL

ALARME "STALL"

Cette alarme peut apparaître en loi ALTERNATE ou DIRECTE à l'approche du décrochage : une voix synthétique "STALL, STALL, STALL" retentit accompagnée d'une alarme sonore (cricket). Cependant une fausse alarme "STALL" peut retentir en loi normale juste après le décollage si une sonde AOA est endommagée. Dans ce cas, le pilote doit immédiatement reprendre une vitesse opérationnelle normale en agissant sur les commandes :

➤ Au décollage :

PF **MANETTES DE POUSSEE** .... **TO.GA**

En même temps :

PF **ASSIETTE LONGITUDINALE** .... **12.5°**

PF **INCLINAISON** .... **AILES HORIZONTALES**

PF **SPEED BRAKES** .... **VERIFIES RENTRES**

***Note :** Une fois que la trajectoire et la vitesse sont rétablies, si l'alarme est toujours active, la considérer comme une fausse alarme.*

➤ Dans toutes les autres phases :

PF **MANETTES DE POUSSEE** .... **TO.GA**

En même temps :

PF **ASSIETTE LONGITUDINALE** .... **REDUITE**

PF **INCLINAISON** .... **AILES HORIZONTALES**

PF **SPEED BRAKES** .... **VERIFIES RENTRES**

ATTENTION

S'il existe un risque de contact avec le sol, ne pas réduire l'assiette plus que nécessaire pour permettre une augmentation de vitesse.

1. Thrust levers Takeoff / Go-Around

2. Reduce aircraft pitch

图 11.4 法航 TU（技术使用—技术标准）

资料来源：法国民航事故调查局（2012）。

事故调查报告显示，飞行员按照标准操作程序做出反应。既不是错误的系统显示，也不是失速就会导致发生事故；然而，在失速期间拉杆和全油门会导致事故。

必须了解的是，事故预防始于飞行员的培训，并应包括失速及螺旋的意识度和基本的机动动作。在紧急情况下，系统只能提供给飞行员有限的支持，模拟机训练不足以对飞行有一个基本的了解。瑞士航空培训部门率先垂范，并在多人制机组驾驶员执照训练期间使用 Extra300 用于失速、螺旋和改出训练。把失速、螺旋和改出训练的概念，及训练期间精心挑选的特技动作飞行进行集成，提供了复杂状态机动改出程序，这些对于培养具有正确意识度和自信的飞行员至关重要。

2013 年 4 月开始，美国联邦航空局发出安全警示，鼓励运营人采取综合一体化的做法，将重点放在人工飞行操作纳入航线运行操作和培训（初始 / 升级和复训）中。在适用的情况下，运营人应制定或审查运行政策，为飞行员确保有适当的机会操纵人工飞行技能，例如，在非最小垂直间隔空域和低工作量期间。

此外，美国联邦航空局建议制定或审查企业政策，以确保飞行员了解何时使用自动化的系统，如在高工作负荷条件或空域程序需要使用自动驾驶仪的精确操作。增强型的机组操作也可能限制一些飞行员获得人工飞行操作实践的能力。最后，航空运行政策应确保所有的飞行员有适当的机会，在飞行过程中践行上述知识和技能。①

11.2 阿佛罗 146-RJ100 飞机执行 CRX3597② 航班的案例

第二个事故案例是从十字航空公司阿佛罗 146-RJ100 CRX3597 航班的最终调查报告中提取的部分材料，该航班 2001 年从柏林特格尔机场飞往苏黎世。

这架飞机由于撞击而毁损，21 名乘客和机组人员全部遇难。用这个事故案例来说明疲劳是如何成为飞机发生事故的一个致因因素。此外，在这里我们应该清楚，在这个事故案例中，调查的详细情况只是作为例子讨论，我们以简化的方式进行阐述以适合本节的范围。

2001 年 11 月 24 日，在世界标准时间 20:01（21:01 当地时间），十字航空公司的阿佛罗 146-RJ100，飞机注册号 HB-IXM，从柏林特格尔机场起飞，执行 CRX3597 航班飞往苏黎世。

20:58:50，前面飞行平稳后，CRX3597 获得许可使用 VOR-DME 进近苏黎世 28 号跑道。前一架飞机 CRX3891（巴西航空工业公司的 EMB-145 机型）在 28 号跑道上降落并报告塔台，进近和着陆的天气条件都接近于所要求的最低标准。

21:05:21，CRX3597 向塔台频率报告。在 21:06:10，当飞机到最低下降高时，机长向第一副驾驶说："只有一些地面能见。" 飞机沿跑道继续进近下降。

世界标准时间 21:06:36，飞机和树梢相碰撞，随后撞地坠毁。和地面撞击

---

① 美国联邦航空局（2013）。

② 瑞士事故调查委员会（2006）。

后飞机起火，21名乘客和3名机组人员在事故发生的地点遇难，7名乘客和两名机组人员幸免于难。

11.2.1 坠机的主要原因

造成事故的原因是飞行机组下降低于甚高频全向信标——测距仪28/ZRH公布的最低下降高，复飞机动实施太晚了。

机长未建立目视着陆跑道或跑道照明灯光而继续低于最低下降高MDA。第一副驾驶没有做任何努力来阻止机长的这种行为。

11.2.2 致因因素

事故调查识别出了下列致因因素：

——缺乏机组行为表现的记录；
——缺乏机组执勤和休息时间的记录和责任；
——按既定的程序选择着陆跑道；
——28号跑道的最低安全高度警报不存在；
——气象数据不合适的记录和发布；
——缺乏空中交通管制人员；
——不合适的设计进近程序；
——进近图中描述障碍物的不合适性；
——企业的飞行文化。

本次事故归因于这一事实：最后进近，自己导航，以标准的甚高频全向信标——测距仪接近28号跑道，这架飞机以受控的方式飞入山中树木繁茂的范围（可控飞行撞地——CFIT）。造成这一事实的原因是，在没有获得必要的前提条件下，飞行机组人员在低于下降最低高度按照仪表飞行条件故意继续下降，飞行机组人员开始复飞太晚了。

调查已确定下列因果因素与这次事故有关：

机长故意下降低于最低下降高，按照甚高频全向信标—测距仪进近，没有获得所需的目视进近灯或跑道。

副驾驶员没有试图阻止机长继续低于最低下降高飞行。

11.2.3 下列因素导致事故

- 在苏黎世机场28号跑道进近时没有会触发警报的可用系统，比如，如果出现低于最低的安全高度（最低安全高度警告）的警告。
- 很长时间以来，航空公司的负责人并没有对机长的飞行业绩做出正确评估。弱点是显而易见的，他们没有采取适当的措施。

事故调查的最后报告表明，在事故发生前两天，机长显然超出了最大允许的飞行时间。在预定航班实施时间之前，他还作为一个兼职的飞行教员，在事故发生时他执勤期超过了13.5个小时。工作后的休息、放松和睡眠，都没有。显而易见机长是筋疲力尽，导致注意力和决策技能受损，从而出现错误。瑞士航空事故调查委员会从这些事件中得出了结论：已知的疲劳符合对于适合飞行造成损害的标准，把疲劳列为事故发生背后的一个因素。瑞士航空事故调查委员会要求瑞士联邦民航局进行检查，如何控制飞行执勤期和休息时间的问题。

参考文献

1.Aircraft Accident Investigation Bureau（SUST）.（2006）. *Final Report No. 1793 concerning the accident to the aircraft AVRO 146-RJ100, HB-IXM, operated by cross air under flight number CRX 3597, on 24 November 2001 near BassersdoiflZH.* Berne: Aircraft Accident Investigation Bureau（SUST）.

2.Bureau d’Enquêtes et d’Analyses pour la sécurité de l’aviation civile（BEA）.（2012）. *Final Report On the accident on 1st June 2009 to the Airbus A330-203 registered F-GZCP operated by Air France flight AF 447 Rio de Janeiro - Paris.* Le Bourget Cedex: Bureau d’Enquêtes et d’Analyses pour la sécurité de l’aviation civile（BEA）.

3.Federal Aviation Administration（FAA）.（2013）. *Safety alert for operators subject: Manual flight operations.* Washington, DC: U.S. Department of Transportation.

4.Neuhaus, A., & Buholzer, P.（2013）. In R. Muller & A. Wittmer（Eds.）, *Arbeitszeitvorschriften in der gewerbsmassigen Lufifahrt* （5th ed.）. Zurich/St. Gallen: Dike Verlag AG.

5.Schneider, B.（2012, February）. Online monitoring. *Best Practice Business.* Hamburg.

第四篇

风险与安全管理的实施和优化

第 12 章 总论与综述

Roland Müller 和 Christopher Drax

大多数安全管理体系文献都会有这样一个问题，它们的实施结构和建议都是针对大型企业而言的。如果你按照这些文献来开展你的安全管理体系建设的话，可能需要花费数月才能找到头绪。而我们的理念是：立即开始收集风险，以便了解本组织所面临的主要问题，并尽快着手解决这些问题。因此，我们将以下的实施结构压缩为数个要点，以便能够快速地开展风险识别收集。为了在执行安全管理体系时能够将工作量进行分解，并且提供一个方便快捷的实施结构，我们将安全管理体系的实施过程分解为四个不同的阶段。四个不同的阶段能够调整企业内部的文化氛围，建立积极的安全文化。后面的部分将针对不同阶段的实施主体进行概述，并对实施提供了诸如实践样例和指南之类的工具。本章内每个主题的简要说明中都列明了本主题所需要达到的效果。

第 13 章　组织挑战和实施以及优化各阶段

Roland Müller 和 Christopher Drax

在竞争环境中，组织必须不断地适应和改变，以保持和增加财务回报。适应和变化的动力学包括可能具有内部抵抗变化的风险。因此，只有那些愿意改变本组织未来地位的，并且促进一种寻求风险文化的组织，才能创造和维护具有实质性的战略变革[①]。

成功的战略始终与正确的规划和有效的实施相互联系。为此，执行实施工作需要简单、一致、长期的目标，对竞争环境有深刻的了解，并对所需资源进行客观的评价[②]。按照 Dong, Neufeld 和 Higgins（2009）的观点，各组织都面临实施大规模信息系统项目的挑战——在美国只有 35% 的公司按时实施并完成了它们的信息系统项目。2003 年，毕马威对全球最大的 230 家公司进行了一次调查，发现 57% 的公司在过去的 12 个月已至少取消了一个 IT 项目，那些经历了实施失败的公司只有 41% 能够计算它们公司为此已经消耗了多少成本[③]。

最高管理层在新的管理系统实施过程中给予的支持至关重要，因为我们期望高层管理人员能够影响和塑造组织中其他人的行为。适当的资源配置对于管理系统的实施是必要的，但似乎对用户满意度没有积极的影响。最高管理层的行为不应该是静态的——重要的是管理层可以在整个实施过程中调整行为[④]。Dong，Neufeld 和 Higgins（2009）的研究进一步表明，支持性行为，而不是仅仅表达了支持，最终决定了实施结果。这意味着，最高管理层需要积极参与支持性行动，以确保战略远景得到内部化认可和适当实施[⑤]。

---

① Fiegenbaum 和 Thomas（2004）。

② Grant（2010）.

③ Dong, Neufeld 和 Higgins（2009），p.55。

④ Dong et al.（2009），p.72。

⑤ Dong et al.（2009），p.74。

此外，Olsen 和 Boxenbaum（2009）评审了在一个组织内阻碍实施新的管理制度的组织性障碍。这些组织性障碍对总体实施工作构成了重大障碍，需要将执行战略从权力下放（分权）转为更集中（集权）。他们确定了三种组织性障碍，即思维观念冲突的认知障碍，根本性定势变化与过程有关的障碍，以及基于不同项目评价标准的结构性障碍[①]。

第一类组织性障碍可以与运行领域关键行为者的主导心态相联系，他们不愿意改变，也不接受新的项目。根本问题在于，一个组织的财务业绩与组织的可持续性发展承诺之间的关系存在相互矛盾的目标。

第二类识别出的组织性障碍是改变组织进程的困难，需要对运行环境中的现有工作流程进行全面调整。原则上，这类障碍可以通过组织学习和培训计划项目来克服和改变。

第三类障碍涉及战略规划小组和运行部门为评估新的市场机会而采用的不同评价标准。Olsen 和 Boxenbaum（2009）发现，净现值评价方法和运行部门使用的业务风险评估方法之间存在根本区别。净现值技术是企业在评估新市场机会价值时通用的财务指标。相比之下，业务运行风险评估类似于用于评估与新项目相关的风险。

此外，McFadden 和 Hosmane（2001）认为，在运行管理领域，提高安全已成为一个日益增长的关注领域。航空业的运营经理，如波音或霍尼韦尔公司等，都将安全作为它们的首要工作重点。即使在所有的监管压力之前，总的质量行动、技术变化、成本节约目标和客户对社会责任的期望，我们只列举几项，都可以被命名为运行环境中以安全为优先级核心的激励因素。安全管理已成为企业的关键所在，因为一个航空事故可以被最终视为服务的终极失效。航空公司的乘客在安全方面的预期是有 100% 的准确度的[②]。

13.1 第一阶段：组织

在安全管理体系实施的第一阶段，应制定基本的结构，并发布一份合规文件，其中明确责任经理和组织内实施安全管理体系的负责人。为了显示如何满足安全管理体系的要求，我们必须进行差异分析，以确定公司的政策和局方法

---

① Olsen 和 Boxenbaum（2009）。

② McFadden 和 Hosmane（2001）。

规之间的差异，并说明哪些组件已到位，哪些要素必须添加或修改。这一阶段主要侧重于基本规划和责任的分配，其中，核心优先事项是具有一个明确的作为参考的路线图。公司的组织结构图应明确说明角色、责任和安全职责，这些是作为有效的安全违规处理的基础。因此，应鼓励各级管理层和监督层对安全绩效的个人和共同责任进行定义、沟通和文档化记录。高级管理层对公司的安全负责。它必须确保每个人都有安全的责任，并应强调，促进安全管理是本组织运行整体战略方面不可或缺的一部分，是至关重要的[①, ②]。

关键交付项包括以下内容：

——差异分析；
——责任经理批准的组织的安全目标；
——责任经理签署的安全政策；
——安全政策在整个组织发布；
——安全管理体系组织架构到位；
——建立了安全责任义务制；
——批准安全管理体系的实施计划和初始培训；
——应急响应计划实施过程。

13.1.1　项目规划和实施

在项目规划阶段，必须制订一个实施项目计划，作为对安全管理体系实施的结构化方法的基础。这份计划通过不同的实施阶段指导组织，并提供评估进展的计划结构。

- 安全管理体系开始实施时应通过委派指定人员或建立规划组来启动，负责开发安全管理体系实施项目计划。
- 应收集有助于安全管理体系实施计划的所有适用文档。
- 必须确定执行培训和规划的相关费用，以便能够草拟和核准安全管理体系实施预算。

---

① 民用航空局安全法规团队（2008），p.5。
② 国际民航组织（2008）。

- 下一步是在组织的不同管理层之间确定开发和部署安全管理体系实施计划的时间分配。
- 然后，组织必须为安全管理体系实现分配资源，并生成预算草案。
- 最后，提交安全管理体系实施计划以供高级管理层批准认可，并定期召开会议以评估进度。

13.1.2 差异分析

首先，要开始安全管理体系的实施过程，必须进行差异分析，以确定组织内现有的安全管理措施以及组织环境中缺失的管理措施部分。根据差距分析的结果，负责实施的人应该能够制订安全管理体系的实施计划。在规划进程开始时，必须识别出可能妨碍安全管理体系实施阶段的潜在差距，必须事先制定解决这些差距的策略。差距分析的一个例子请参考附录：安全管理体系差异分析。

在差距分析中，我们建议最好是识别、收集和存储与安全管理体系特定相关的记录和文档，并为安全管理体系文档记录管理制定准则。

13.1.3 政策和原则

我们必须制定一项安全政策，由责任经理签署，并在整个组织内传达。安全政策是一个高层次声明——公司期望的安全绩效。安全政策是用于指导并提供具体的方向，以确保安全管理活动的目标是在组织内提高安全水平。安全政策通常描述组织和参与运行人员的高级别责任义务和职责，它规定了并应构建可衡量的标准，以使短期和长期的安全目标（或安全绩效指标）得以落实。在附录中可以找到一个安全政策的示例：安全政策示例。

为确保安全政策和运行安全得到遵守，我们建议建立一个可衡量的目标，并且由安全委员会定期监测。

各航空组织应按照下列关键的安全原则开展业务运行：

- 安全被作为公司的核心价值；
- 每个人都对风险的识别、报告和管理负责；
- 总是以切实可行的最安全的方式运作；
- 不要承担不必要的风险；
- 意识到：熟悉和长时间暴露在风险中而没有不幸事件发生，会导致风险意识的降低；
- 安全并不意味着无风险。

13.1.4 责任义务制

为了准确地概述责任义务制，必须在安全总监、负责经理、安全行动小组和安全评审委员会之间建立起明确的沟通渠道。在这方面，必须任命一名安全总监，作为负责的个人以及作为开发和维护有效的安全管理体系的协调人。在评估沟通的职能渠道时，应与组织的规模和提供服务的复杂性相对称。

- 首先，向安全评审委员会任命高级管理人员，包括负责职能部门的主管人员。
- 其次，分配安全评审委员会适当的战略和战术功能，以处理与安全相关的信息和经验教训。
- 最后，根据需要制定安全服务办公室与安全评审委员会、安全行动小组之间的会议时间安排表。

分析安全文化和明确的安全责任义务制的关键因素就会发现，很明显，管理层的参与是促成安全管理的重要基础。如果没有高层管理层的承诺和支持，安全管理体系将无法有效运作。责任经理必须强调公司对于安全的奉献精神，将安全作为所有管理人员的一项主要责任，并通知所有人员达到最高安全标准的规划。

如果高层管理层没有完全致力于安全管理体系的实施，那么由员工发起的任何主动行为或计划都不会产生任何影响。员工需要得到来自高层管理层的支持，并获得适当的资源来有效地运行安全管理体系。资源类型包括会议时间，以及信息收集和规划等。经理层必须决定参加研讨会和培训班的人员名单。管理人员还必须决定让已经具备专门知识的人员参与进来，并能够改进安全管理体系的实用性，如咨询顾问[①]。为了作出全面的承诺和支持安全管理，高层管理人员必须了解风险管理和相应的过程。因此，高层管理层必须确保所有各级

---

① 国际公务航空协会（2008），p.16。

理解、应用和维护所有的政策和安全目标[①]。

13.1.5 分包商的安全要求和责任义务制

在实施安全管理体系的过程中，对于分包商的管理是一个必须要考虑的问题。对于分包商的安全要求和责任义务制的主要目的是将他们纳入组织的风险管理过程中。分包商提供货物或服务，通常也在同一环境下运作，如在机场。一些事故征候或事故可能是由分包商直接造成的，例如，由一家航空公司的地勤服务提供商所导致的。因此，定义你的组织和分包商之间的安全要求、责任义务制和接口变得非常重要。必须有程序来评估分包商的运行，识别出相关的危险源，并检查他们提供服务的质量。

13.1.6 安全管理手册

我们需要起草安全管理手册，在整个组织中以传达组织对于安全管理的方法。安全管理手册是一份与时俱进的文件，随着安全管理体系的分阶段的方法不断向前演变，它的内容可能会被扩展、审查和修改。安全管理手册是所有参与组织的飞行、机务维护或一般运行操作安全的人员的基础指南。这样一份手册应界定管理航空企业安全运行的政策。安全管理手册应提供一种被动反应性的、积极主动性的、综合一体化的安全管理方法。安全管理应被视为组织应采取的全面管理过程的一部分，以确保本组织的目标得以实现。我们应通过危险源识别方案，系统地识别出和处理危险源，这有助于持续改进和建立起专业的职业精神。

13.2 第二阶段：风险收集和评估

第二阶段的重点是纠正系统内的潜在缺陷，并致力于关键的安全管理过程。通过分析被动反应性的数据收集措施所获得的信息，支持了这一阶段。举几个例子，这些数据来源可以包括收集到的危险源、识别出的过程中的弱点、审计结果，以及过去事故征候或事故中获得的信息。组织应该证明安全管理体系特定的组件到位：

---

① Stolzer, Halford 和 Goglia（2008），pp.25-26

- 来自第一阶段的安全管理体系要素；
- 被动反应性过程；
- 调查和分析程序；
- 风险管理程序；
- 在安全管理体系内对人员和被分配的职责进行培训；
- 记录安全管理体系的策略和程序。

对运行系统的详细了解是风险管理过程的先决条件。这些系统包括组织结构、过程和程序、人员、设备和设施，它们对本组织的生产率做出了贡献。深入的系统工作分析将强调硬件（如飞机）、软件、人员和环境之间的相互作用，它指出了查明危险源和相关风险的弱点[①]。

本章所述的风险管理过程是控制风险到可接受的水平的基本任务，可视为安全管理的关键任务。这个过程包括识别危险源，以及从这些危险源中获知什么样的潜在风险情景。此外，评估风险和制定缓解措施是控制安全风险和监测安全行动效果的关键所在。风险管理的基本策略是：事件发生的可能性和严重性可以最小化。风险管理是关于如何处理影响航空安全事件的决策的基础，这是对事件评估其影响和评估结果的基础。成功的关键是在整个组织中保持直接一贯的沟通[②]。

13.2.1 风险收集

为了系统和有效地收集关于可能的危险源的信息，我们必须制定一个安全数据库或总风险清单，并应作为“公司安全记忆库”[③]。绝大多数危险源是潜在的条件，并存在于公司的过程和运行之中。为了避免致命事故，我们需要收集和分析识别出危险源。人们很少觉察到危险源；因此，文档化在积极管理安全时起着关键的作用。知识是主动预防性危险源管理的基本要求，必须在组织内共享，特别是对原始数据的管理和评估与危险源有关的信息。危险源和安全相关信息的历史数据收集，为生成定量分析提供了坚实的基础，从而允许决策是基于事实做出的，而不是依赖于个人的意见。数据库必须能够管理原始数据

---

① Stolzer et al.（2008），p.26。

② Stolzer et al.（2008），p.26。

③ 国际民航组织（2009），pp.4-8。

并显示它，这样就可以获得有关危险源的结论。因此，规范标准化报告、界定术语（包括安全信息的衡量）和管理危险源的跟踪和分析等，都是关键的先决条件[①]。

附录：主风险列表清单示例显示了可能的主风险列表，其中识别出和收集到的危险源必须根据其后果进行评估，因此必须优先考虑风险。在考虑危险源和风险的同时，必须由相关的专家参与制定控制和缓解策略，并由专家负责实施策略和收集数据。

因此，下一步是执行运行过程分析，并通过涉及这些数据来重新评估策略。由安全管理信息提供的数据分析结果，通过发布安全公告和报告来提高总体安全水平，并有助于为教育目的建立研讨会和工作坊[②]。成功的关键是每个航班都应该收集可靠的数据，然后，可以使用这些数据强调运行问题，或根据风险级别对运行进行分类。分析的反馈可用于调整收集方法，建立起最佳实践。工作人员应定期报告危险源情况，并应定期进行风险识别的民意调查、审计和检查，或通过评估事故、事故征候和具有风险的情景，通过这些方法识别出危险源，这些都应在风险记录册中登记在案。

13.2.2 报告程序和举报

安全风险管理包括在日常运行中指定收集、记录、采取行动和生成有关危险源和风险反馈的方法。首先，必须确定使用何种形式的干预工具来收集各类被动反应性信息。下一段内容给出了一种常见的被动反应性方法，即通过以航空安全报告的形式来识别出危险源。随后，必须决定需要哪种报告制度并将其适用于本组织。在不同的航空组织中三种不同的方法是常见的：强制性的、自愿的或保密性的报告制度。我们也可以直接联系安全总监并提供直接反馈。安全相关信息的报告促进了从被动反应性信息中进行学习，如已经遇到的事故征候；并准备组织建立起积极主动性的报告，以防止未来发生与安全相关的事件。附录：航空安全报告/危险源报告程序描述了一个可能的报告程序，来收集被动反应性和积极主动性的安全相关信息。

根据国际民航组织[③]，在组织安全管理体系的一般框架内建立自愿报告制度

---

① 国际民航组织（2009），pp.4.7-4.8。

② 国际民航组织（2009），p.4.8。

③ 国际民航组织（2009）。

时，应考虑下列关键原则。

信任——报告人必须确信他们提供的信息不会被用来对付他们自己；否则，他们将不会报告自己的错误。组织中积极的安全文化为成功的事件报告制度提供了基础。

非惩罚性——报告者必须受到保护，不受法律、行政或纪律制裁，除非是在存在重大过失、犯罪行为或意图的情况下。

包容性报告基础——系统性的安全管理方法要求自愿报告涵盖的范围包括飞机运行的所有方面，比如，航班运行、客舱安全、飞机维修、空中导航服务、机场运行等。此外，对于同一事件从不同的角度收集信息，可以全面地分析和理解各种活动，从而对各种危险源及其后果进行充分的研究。

保密性——非惩罚性制度是以保密性报告为基础的。必须确保报告事件的人他/她的身份以及其他可能用于识别其他涉及身体或法律人格的信息不会被披露。在一些国家，关于获取信息的立法使得保证保密性报告的难度越来越大。这可能会限制安全事件报告到强制报告所需的最低限度。

独立性——理想的情况是，自愿报告制度由一个独立于国家监管当局的组织实施管理。该组织收集和分析安全报告，并将结果反馈给监管当局和航空界。

报告的简便性——提交的报告应尽可能的简单。任何希望提交报告的人都应随时获得报告表格，它们应该易于编写，为叙述提供足够的空间，并尽量使用可比格式。这些报告表格形式应鼓励安全改进建议，例如，如何防止危险源的重现或如何处理危险源。

认可——为了鼓励进一步提交报告，组织应明确向其人员通报自愿报告是组织一项宝贵的安全资产，并承认报告人所作的努力。如有可能，应向报告人提供报告所采取行动的反馈回应。

促进——从自愿报告系统收到的去除身份识别标志的信息应及时提供给航空界。瑞士自愿报告制度描述了一种报告形式。应利用各种信息传播方法来实现最大限度的信息曝光，例如，每月通讯、定期摘要、在因特网上公布的安全公告等。此类促进活动可能有助于激励人们进一步提交改善安全事件的报告。

此外，另一种可与安全管理密切联系的报告程序形式是“举报”，这意味着由任何雇员（现在的或前任雇员）披露其雇主控制下的对于个人或组织造成的违规、不道德或非法的行为[①]。员工是根据自己所知道的内幕，在最合适的位置获得透明度，告知公司环境中的管理不善和不当行为[②]。

根据组织中的员工队伍，举报可以被划分成不同的四个要素。第一个要素是愿意披露公司内部信息并使此信息在组织之外可用的个人。第二个要素可以描述为将该特定信息转换为一般通用信息，然后向公众提供。通常，关于各种错误、管理不善或内部来源的诽谤性材料，通常是由公司的现任或前任雇员透露揭发的[③]。

以布拉德利·曼宁案件为例，一名美国士兵于2010年5月在伊拉克被捕，涉嫌将限制级材料发给维基解密网站。2010年7月，他被指控将机密数据传送到自己的个人电脑，并将大量数据和美国国防信息传递给未经授权的来源[④]。

尽管揭露这一秘密信息使公众受益，但举报人通常没有意识到他们放弃职业秘密后所面临的消极后果[⑤]。同事和上级可能不再欢迎那些他们认为是背叛的人。通常，举报人原来的责任将被去除，被转到不太关注的任务和项目中[⑥]。

然而，一个主动实施举报的系统能防止组织将有害的信息曝光到外部。它可以作为一个盾牌，保持报告限制在公司内部，并在内部反映出其中的关切。这种类型的制度可以防止公司的名誉损失，特别是在安全方面[⑦]。

13.2.2.1 航空安全报告

每个航空组织应尽一切努力确保其飞行运行的最高可能安全标准。除了正在进行的培训和教育之外，还应包括对不利影响运行安全的事件进行分析。一个先决条件是记录和分析与安全相关的事件。为了确保收集影响飞行安全的数据，并根据事先确定的标准分析这些数据，航空安全报告（对于飞机运营人）是在一个组织内提高飞行安全标准的最佳解决办法。以提交报告的方式，所有工作人员都通过在日常运行中识别出可能的危险源来帮助提高安全水平。特别

---

① Miceli 和 Near（1992），p.15。
② Odermatt（2005），p.1.
③ Johnson（2003）.
④ Nicks（2010）.
⑤ 职业保密是一种权利，确保你雇主提供给你的任何信息都要保密。
⑥ Devine 和 Maassarani（2011），p.16。
⑦ Pittroff（2011），p.64.

是，报告应包括对影响飞行安全的事件的描述。此外，报告失效或其他与安全相关的情况可以让运营人采取积极主动的方法。安全总监可以鼓励相关员工采取预防性的措施，从而提高飞行的安全水平。

从事故分析中收集到的经验表明，应该提供匿名报告的可能性。工作人员可以选择匿名或正式报告，这一点应列入报告系统之中。然而，当员工决定匿名提交报告时，我们就不可能从报告者那里获得更多的细节。当工作人员准备报告时，他们可以不写姓名，把他们的信息归类为匿名。附录 :《航空安全报告样本》提供了航空安全报告的一份样本，在那里可以收集到危险源或与飞行安全的相关信息。附录 :《安全总监评估表》显示了对所收集的危险源的评估情况，这些危险源必须根据图 13.1 中的风险矩阵进行评估。

灾难	>50 百万瑞士法郎	5				
严重	>5< 50 百万瑞士法郎	4	8			
中等	> 0.5< 5 百万瑞士法郎	3	6	9		
低	> 0.05< 0.5 百万瑞士法郎	2	4	6	8	
微不足道	< 0.05 百万瑞士法郎	1	2	3	4	5
	标准	< 100 年一次	> 100 年一次 < 10 年一次	> 10 年一次 < 1 年一次	> 1 年一次 < 1 月一次	> 1 月一次
严重性 可能性		实际上不可能	不可能	可能	偶尔	经常
1 区		风险是不可接受的，需要立即采取风险缓解措施				
2 区		可容忍的风险，评估风险缓解措施				
3 区		可接受的风险，不需要采取措施				

图 13.1　风险矩阵

资料来源：Müller，Lipp 和 Plüss（2007）。

13.2.2.2 瑞士自愿报告制度[①]

瑞士自愿报告制度，除了瑞士联邦航空办公室的强制性报告制度外，还提供了在自愿和匿名的基础上报告发生事件和安全关键事件的可能性。这一报告制度旨在鼓励增加与安全有关事件的报告。如果发生了已经或可能影响航空器安全的运行中断、缺陷、故障或其他不正常的情况，那么，相关方或其他任何人员应提交报告。还可以报告尚未出现风险的事件，但如果不加以纠正，这可能会对航空系统的安全造成潜在风险。

这些报告由瑞士联邦航空办公室的安全和风险管理办公室进行分析，是完全独立于负责监督任务和进行刑事诉讼的部门。这一报告制度是一种新文化的一部分——公正文化，如第 1 部分 4.8 节所述。我们鼓励民航的参与者以积极主动的方式公开报告与安全相关的重要信息。对所收集的报告进行分析有助于查明航空方面的潜在风险，以便从中学习，并采取适当和积极的措施，在造成任何损害之前，将风险降低到可接受的水平。

然而，瑞士联邦航空办公室还指出，新的报告制度并不总是提供免受起诉的保护。瑞士联邦航空办公室只在两个条件下放弃提起刑事诉讼：

- 首先，发生的事件不是蓄意或严重疏忽违反适用的标准和法规。
- 其次，瑞士联邦民航局通过这一报告制度了解到了发生的事件情况。

瑞士自愿报告制度的报告可以由参与航空业的任何人直接或间接提交，包括使用航空服务的人，或在这一领域进行相关安全观察的人员。报告通过瑞士自愿报告制度文本化，可以匿名或公开提交给瑞士联邦民航局，如图 13.2 所示。

报告的表格还以电子形式在网上提供，可通过邮寄、传真或电子邮件发送到瑞士自愿报告制度办公室。附录：瑞士自愿报告制度的报告显示了这种报告的格式。提交的信息由瑞士联邦民航局按照下面的流程来处理。

---

① Bundesamt für Zivilluftfahrt（BAZL）（2007）.

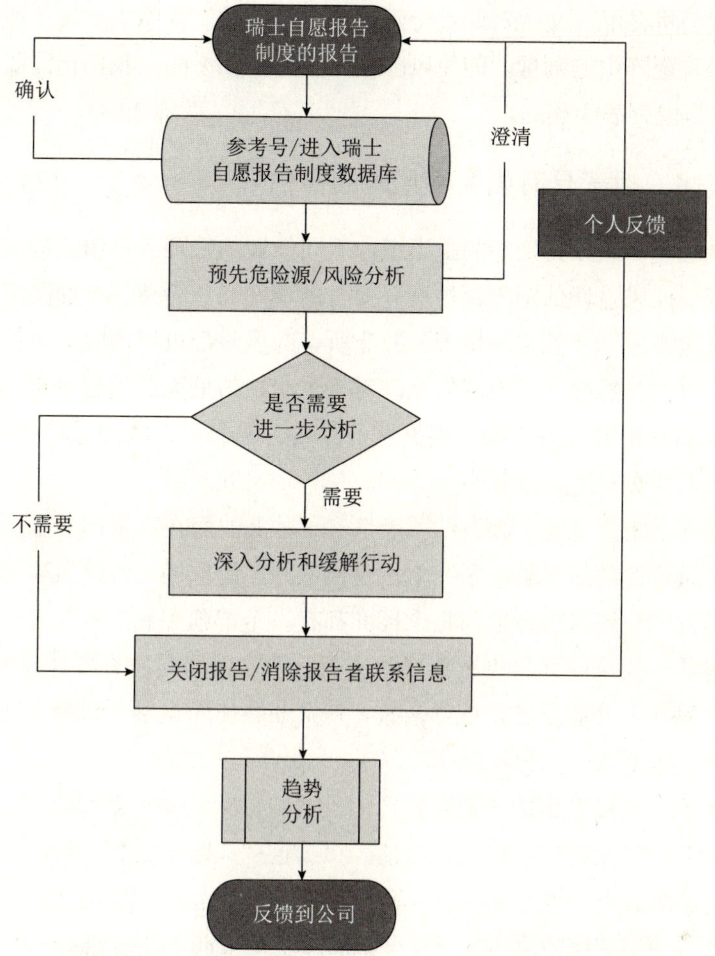

图 13.2 瑞士自愿报告制度的流程（瑞士联邦民航局，2009）

资料来源：改编自瑞士联邦民航局。

13.2.3 在主风险列表中进行优先顺序排序以及根除不相关的风险

所有收集的风险都记录在所谓的主风险列表中。附录：13.2.1 节的主风险列表示例说明了主风险列表的两个不同样例。此特定列表提供了一个组织在给定时间给定地点所面临的所有风险的概览，其具体取决于实际的修订状态。在预算削减和资源有限的情况下，不可能有效地管理所有风险，并将其缓解到可接受的水平。因此，必须对已记录的风险进行优先排序，重点是必须有效缓解实质性的顶层风险。在整个这一优先级排序中，必须对已记录的风险进行全面评估，我们将在下一文中对此进行阐述。风险的优先排序级取决于所实施的评估和在风险矩阵中的测量。即使风险被归类为不相干的，我们仍需要记录，但需要从主风险列表中删除。

13.2.4 对于具有相关性风险的评估

安全总监，或预先确定的由组织内不同领域的管理人员组成的安全行动小组，负责根据风险评估矩阵评估所有报告的事件和危险源，从而决定每个事件的特定风险指标。在航空环境中，并非所有的风险都可以消除，它们是日常运作中所固有的。然而，风险评估允许对每个单独的危险源进行分析，并识别出该风险级别对于组织的影响。根据这些评估，我们可以实施适当的缓解措施，以避免未来再次发生类似事件。

风险评估矩阵是在 x 轴上的可能性和 y 轴上的潜在后果的严重性乘积的图形表达。风险评估矩阵给出了一个指定值，并广泛应用于定性风险的确定，以及以图形方式呈现风险标准。每个标准都有一个单独定制的财务含义，以及一个时间组件，使风险评估更有条理和透明。评估就是对所有事件或危险源 1—25（可以根据个人运行需要量身定做）一系列数值的识别，以确定结果的严重性和每个个体事件发生的可能性。

对于一个事件发生的严重性和可能性各自标识为一个数值之后，两个值相乘，其结果就是此特定事件的风险值。根据这一风险值指标，可以使用以下风险矩阵将风险归类为可接受的、可容忍的或不可接受的（图 13.2）。

根据所确定的风险值指标，安全总监应主动采取下述措施：

· **风险值指标为 10—25: 不可接受的风险**

与责任经理建立直接联系和联络，并直接启动适当的缓解措施。

· **风险值指标为 4—9: 可容忍的风险**

安全总监向团队作简报；不需要立即采取缓解措施；对于任何适当的缓解措施均会作出决定。

· **风险值指标为 1—3: 可接受的风险**

不需要采取缓解措施；事件包含到统计信息中，并在下一次预先排定的安全会议中列出。

对于一些重要的财务值必须单独针对每个组织进行定制。500 万瑞士法郎的损失可能对一个组织的生存构成强烈的威胁。因此，每个组织都必须意识到需要设定各自的财务风险标准。也许大家更感兴趣的是：用于评估财务影响的标准是如何以具体的术语来界定的。

第一种方法是流动性的平均可用性。超过流动性，无论出于什么原因，均会导致流动性不足，从而使企业破产。

第二种方法是对税息折旧及摊销前利润最大可能的净财务债务。如果这一最大杠杆率过高，信贷协议可能会被银行终止。比如，一个公司目前的税息折旧及摊销前利润为400万元，外部不合适资产占600万元，在最大允许杠杆系数为2.5的情况下，400万元的损失对公司来说已经是一场灾难。

为飞机投保损坏险似乎是合乎逻辑的做法。例如，如果一架商用直升机坠毁在一所房子上，机组死亡，地面人员受伤，房子被毁，那么，整个事件是可以通过投保而减少损失的。这将意味着公司没有财务损失，也不会对日常运营造成风险。然而，正如我们从过去的经验教训里所学到的那样，公司的声誉是不能投保的。未来的客户可能会拒绝再次乘坐或使用公司的服务，这将导致财务损失，并可能危及该公司的健康发展和生存。如果没有更多的客户，该公司将破产，即使它们对所有损失进行了投保。因此，通过严格的安全措施和持续不断的风险管理来保护公司的声誉，似乎是最好和最可持续的保险做法。

13.3 第二阶段：风险缓解

按照严重性和可能性来评估安全风险，并在安全风险矩阵中可视化安全风险，结果只是调查的一个无形产品（图13.3）。为了实现先前评估的产出，我们必须进一步分类安全风险，以分析其对安全运行的潜在损害。第二步是根据组织的耐受程度对安全风险进行分类[①]。

第一个类别是无法容忍的区域，矩阵值为10—25，包含了所有的安全风险标准，标记为红色。如果安全风险属于此类，在任何情况下这类风险都是不可接受的。在这种情况下，最可能的解决方案是取消运行。如果不可能，则必须采取控制措施，以便风险指数计算的后续迭代会导致这个数值进入黄色或绿色单元格[②]。在第二个类别中，矩阵值为4—9，安全风险标记为黄色，根据应遵

① 国际民航组织（2009），pp.5-6-1。

② Stolzer et al.（2008），p.141。

循的缓解过程，这些风险是可以接受的。所有剩余的安全风险，矩阵值为1—3，落在绿色区域，这些风险是可以接受的，由于其不太可能发生或在正常运行中的严重性可以忽略不计，不需要启动一个缓解过程。安全措施的实施由安全总监或安全行动小组负责，由他们实施监督和监控。结果应同时记录在案，并存入总结经验教训的安全图书馆，在内部公布这些结果。实施风险缓解步骤的目的是通过缓解措施降低安全风险，使其达到切实合理可行的低水平。其基本含义是，使用组织内的所有可用资源来减少安全风险。

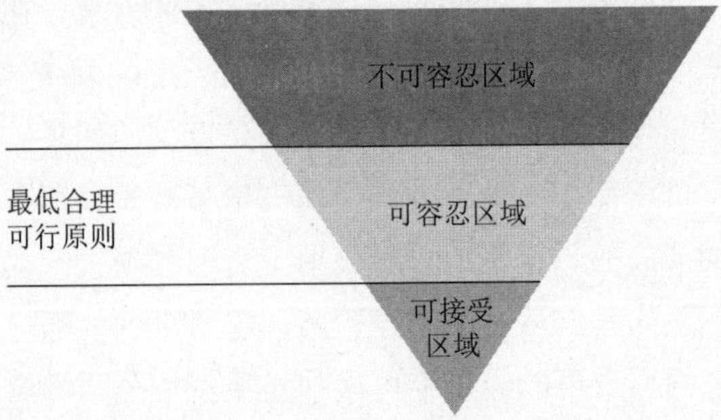

图 13.3　安全容忍度矩阵（国际民航组织，2009 年，第 5–6–3 页）

资料来源：国际民航组织。

13.3.1　调查可能的缓解措施

并非每项缓解措施都会带来有利的结果。第二部分我们介绍了生产和保护的概念，这两个概念在目前具有重要的相关性。在这一点上，为了管理已知的危险源和相关的风险，我们必须找到可能的缓解方案。同样重要的还有必须采取符合安全措施的经济决定。

组织有不同的方法来选择最合适的策略以控制与提供的服务相关的已知风险。以下示例提供了解决特定风险的三种方法：

- **风险规避**。如果相关风险被确定超过了（经济）利益，那么则避免有危险的任务、程序、运行或活动。
- **减少损失**。采取措施减少不安全（不期望）事件的发生频率或其影响的严重性（后果）。
- **控制暴露程度**（通过分离或重复）。采取行动来隔离风险或确保冗余以防范风险（例如，使用不易燃的绝缘材料或备用系统来降低总系统失效的可能性等）[①]。

制定正确有效的风险缓解策略和措施是一项具有挑战性的任务。通常，特定运行环境的经验和知识是不足以使用适当的缓解战略；很难克服的是那些最接近这些问题的人所具有的僵化心态和偏见。在许多情况下，具有开放的心态，有创造性和思考的能力是非常重要的。

我们不可能控制所有的风险，从而在某种程度上来说它们不再具有相关性；在大多数情况下，采用某种策略在经济上是不可行的，因为“保护”在成本方面已经取代了“生产”（利益）。如上一章所述，风险必须控制在尽可能低的合理可行的水平上。这需要在应用缓解措施时考虑风险对时间、成本和努力之间的平衡[②]。

13.3.2 成本——效益分析

我们在第 2 部分第 3 章已经提到，在大部分时间内，成本是影响安全风险降至最低合理可行水平的主要因素。因此，我们有必要实施包括成本——效益分析在内的策略。成本——效益分析是一种规范化的方法，用于权衡运行的好处与成本之间的关系[③]。在这种情况下，该技术分析了降低安全风险的成本和效益，以便找到降低安全风险的成本和由此得到的安全水平之间的最佳权衡。如果安全风险达到了合理可行的低水平状态，进一步降低安全风险则会导致额外成本超过利益的现象。当达到合理可行的低水平状态时，对组织来说，它并不意味着，安全风险被根除。而意味着，组织接受了安全风险遗留下来的剩余值，因为它被财务利益抵销了[④]。成本效益分析的一些因素不能准确地进行预测，特别是在定性的、较少的数字量化的情况下进行分析[⑤]。例如：

- 管理因素：安全风险是否符合组织的安全政策和目标？
- 法律因素：安全风险是否符合当前的监管法规标准和强制执法能力？
- 文化因素：组织的人员和其他利益相关者将如何看待安全风险？

---

① Skybrary（2013a, 2013b）.

② Skybrary（2013a, 2013b）.

③ Case 和 Fair（2007），p.129。

④ 国际民航组织（2008）。

⑤ 国际民航组织（2009），pp.5-7-4。

- 市场因素：本组织对其他组织的竞争力和福祉是否会受到安全风险的影响？
- 政治因素：如果不解决安全风险，是否会有政治代价？
- 公众因素：在影响公众对安全风险的意见方面，传媒或特别利益集团会有何影响力？[①]

在应用成本——效益分析时，组织必须区分直接成本和间接成本，以及它们对组织的影响程度，包括直接利益和间接利益。成本——效益分析如图 13.4 所示。

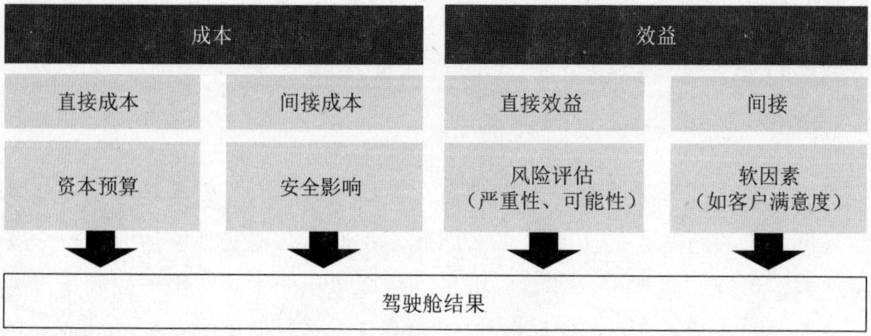

图 13.4 成本——效益分析

资料来源：Hecker（2012）。

成本和收益的结果可以在“驾驶舱结果”中作为综合性结果加以呈现。最终的“驾驶舱结果”提供了收集和计算数据的摘要，并作为决策的基础。一般而言，成本——效益分析应提供对所有相关关键绩效指标、成本——收益关系、成本的图解说明、风险和损害赔偿额，以及间接好处的定性解释等的总体数字型概览。目标是将所有相关数据以可理解和有效的方式提供给决策者。

13.3.3 缓解措施的确定

一旦识别出可缓解的经济风险，就必须运用有效的机制来了解导致其发生的因素。任何有效降低风险的机制都可以修改其中一个或多个因素。减少发生事件的可能性或后果的严重性可以是一个缓解措施。为了达到预期的风险降低

---

① 国际民航组织（2008）。

水平，可能需要实施一项以上的缓解措施[①]。国际民航组织[②]概述了一些可行的有效缓解风险的办法：

- 对于系统设计的修改（在系统实施之前）；
- 对于运行程序的修改；
- 对于人员安排配置的变更；
- 培训人员处理危险源。

建议中的风险缓解措施的重要性在于，必须对预期的安全改进潜力进行彻底评估，以排除系统中出现新的风险。最后，持续不断地监测将确保实施的风险缓解措施是有效的。因此，最重要的是要验证缓解措施是按预期发挥作用了[③]。

13.3.4　发布和文档化

所有报告的事件和危险源、相关的调查结果和安全绩效指标，以及任何安全缓解措施，都应由安全总监记录在案和安排文档化保存，并予以公布，使所有工作人员都能使用。报告应匿名提交，不透露任何个人资料。发布报告材料的目的不是责备或揭露个别工作人员（所公布的报告是匿名的），目的是提高所有工作人员的风险意识，以实现持续改进，以期不断提高安全水平和分享重要经验。此外，收集到的数据必须加以分析，数据分析的结果提供安全管理信息，并通过发布安全公告和报告来改进总体安全，同时也有助于基于教育目的开展研讨会和工作坊等[④]。成功的关键是要为每次飞行或运行收集可靠的数据，而后使用这些数据强调运行的问题或根据其中的风险对运行进行分类。分析的结果可用于将收集方法调整为最佳实践做法。

13.3.5　应急响应计划

风险缓解的一个强有力的过程是应急响应计划——是对一个组织在危机时最关键的可信度的测试。在最初的几个小时内，公司名誉受损的危险最大。因

---

① Skybrary（2013a, 2013b）.
② 国际民航组织（2009）。
③ Skybrary（2013a, 2013b）.
④ 国际民航组织（2009），p.4.8。

此，不管是公司总部统一的信息，或直接在事故现场与媒体打交道的信息，发布信息必须是一个受控的过程。应设计制订应急响应计划，协助公司人员履行公司的职责，并以最迅速的方式应对飞机事故 / 危机情况以及事故征候。处理危机我们需要结构化的方法，旨在协助公司人员以最快的速度应对飞机事故和事故征候。其特点是，对所有非“日常业务运行”事件描述了响应程序，并且其需要特定的方法。在事故或事故征候发生后的前几个小时内，应急响应计划是采取行动的指导方针。所有程序都以检查单的形式写下来，并作为一个指定的“危机团队”每一位成员的指导方针。这些检查单确保了与危机有关的所有活动标准化的行为和文件，必须每天 24 小时随时可用。公司必须确保所有可能涉及应急情况的工作人员都充分了解检查单的内容，所有程序都保持最新，所有必要的安排保持有效。检查单还需要有必要的表格、电话号码和事故响应的地址[①]。

在危机的情况下所有的行动都要有跟踪记录，具有非常重要意义。这意味着，在整个响应过程中应该维护记录关键事件和各种决定的日志。

应急响应计划可以通过硬拷贝文件夹或通过集成的软件解决方案而由相关员工随时访问。文档化的材料可分为两部分：第一部分，提供有关定义和政策的所有必要背景资料，可指定为应急响应手册。此外，本部分还应说明如何使用这些检查单。第二部分，应该在一个简单的“需要做的”格式中编写不同的检查单、在危机中所采取循序渐进的各项行动，以及如何记录所实施的行动。此外，第二部分还应包含电话清单和便利通信的有用地址。

一般而言，在应急情况下，所有规划和确定与本组织互动的外部实体之间都应事先安排好。参与应急响应活动的每个员工都应该有自己的检查单，该检查单应与其他危机小组成员的相应内部检查单进行相互沟通协调。所有内部应急响应行动应与分包商和供应商协调，以便识别出在报告程序或可能信息或数据泄露方面的缺陷。附录：应急响应计划检查单应急总监——为应急总监准备的一份检查单，他是应急状况下的协调员和主要联络人。

---

① 加拿大运输部（2004）。

13.4　第四阶段：持续改进[①]和变更管理

为了持续不断地完善安全管理系统，组织应建立和应用支持调查偏离所规定的安全标准的各种原因的程序。对于安全关键性事件，评审安全管理体系的过程应完全基于即时的纠正，而不是指定的定期检查计划。这些安全绩效评审必须定期进行，必须评估不同安全管理体系组件的充分性和有效性，以及纠正和改进措施的有效性。组织应指定一群人——从最高管理层（根据组织的规模和复杂性调整）——负责安全目标，以确保对于安全管理体系的评估。这一指定的群体必须具备在下列领域作出决定所需的胜任力：

- 安全管理体系的改进和有效性；
- 在组织所有领域建立 / 实施安全政策；
- 分配必要的资金以实现安全目标。

安全管理体系的评估包括：

- 内部和外部审计的结果；
- 关于安全目标实现程度的观察；
- 危险源和事件分析的结果；
- 从内部或外部反馈得到的分析和结果；
- 纠正和预防措施的状态；
- 以往系统评估的后续行动；
- 可能影响安全管理体系的变更——改进建议；
- 跨组织之间最佳流程的交换。

为了提供必要的跟踪能力和评估系统的可靠性，我们必须提供足够可用的数据。评估结果的决定必须由本组织的高层管理层进行披露，以表明评估过程如何导致产生了新的目标，从而促进了本组织的成功。此外，组织应与其他组织的安全管理体系进行比较，并在航空业内成为积极主动的安全管理体系

---

① 瑞士联邦民航局（2009）。

支持者。

在持续改进方面，变革（变更）管理已成为当前经济环境中的一个热门话题。全球化及其固有的变革已经塑造了管理的格局，确立了变革管理这一术语，成为组织不断适应瞬息万变的商业环境的一个基本过程。变革管理可以与战略管理明确区分。战略管理侧重于适应外部的商业环境，而变更管理则侧重于将内部公司流程转换为所需的组织状态。变更管理并不着眼于结果，而是定义从现状改变到期望的未来状态的过程[①]。

在发生可能影响飞行运行的任何重大变化之前，我们应实施变更管理过程。表明需要更改管理过程的可能事件有：

· 新的飞机机型引入；
· 运行性质发生重大变化（如动态的业务增长、新的运行环境等）；
· 聘用或排班做法的变动；
· 组织结构的变动；
· 维修安排的重大变化等。

一旦确定了变更事件，就应审查安全风险评估。根据这一评估，以及任何其他可获得的信息，安全总监或委派的负责人员应制订变更管理计划。变更管理计划应包括对项目所需更改的评估，例如：

· 标准运行，维护程序和流程；
· 人员培训和资格认证；
· 修订运行手册第 A-D 部分；
· 维护控制手册或维护程序手册；
· 飞机标准操作程序等。

它还应包括制订所需变化的计划。在实施所需更改时，应在执行更改之前进行安全审计。在实施更改后，安全总监应定期检查系统绩效。如果对变更管理过程的有效性存有任何疑问，应进行更全面的实施后审查或安全审计。

---

① Lauer（2010），pp.3-4.

13.4.1 审计

安全审计指的是，对安全和风险管理系统进行独立评估。虽然可以进行这种审计以满足外部要求，但安全审计的主要目的是识别出可以评估和加强安全绩效的领域。安全审计应至少每年实施一次，并可分成不同的模块进行。

安全审计用来验证安全风险评估，这反过来被用作评估安全绩效的基础。它可能包括：

- 访问运行站点（基地）；
- 与公司内的经理和运行人员面谈；
- 文件审查（如完整性、当前性和适当性）；
- 对于安全管理工具评价的应用。

安全审计的结果应在危险源识别系统中进行跟踪，并可用于更新安全风险评估。

内部和外部审计

内部审计的目的是对组织所有主要的内部流程每年至少进行一次评估和评价。因此，所有流程和程序应该能够进行长期和系统性的目标—绩效比较。这将获得客观的评价和查明缺陷，以便随后提出建议，并采取纠正和预防措施。外部审计的目的是根据合同义务和谈判标准对分包商进行监督。

审计过程一般可分为三个步骤：准备、实施和完成。进一步来说，审计的重点是不同领域和流程中法律和合同要求的完成情况。此外，对指定负责人的角色作用要进行监测，对指定负责人的审计，应采用问题目录的形式建立起具体的标准。所有的结果都要记录、评估和报告，并与以前的结果以及相应的改进和实施措施进行协调。

最后的审计报告应包括所有检测到的错误、偏差、缺陷和改进的可能性，并对审计领域进行全面评估，并对经审计的流程进行单项评估。

此外，应确立纠正和预防措施及履行日期，并对这些已采取纠正措施的执行情况和有效性进行客观评价。

13.4.2 安全促进和培训

安全促进是发展和维护稳健的安全管理体系一个至关重要的部分。安全促进应保证所有工作人员都按照安全管理体系和组织的安全文化经过适当培训；鼓励每个员工传达与安全相关的信息，并知道必须采取哪些行动。安全促进的方式包括安全政策和程序、通信和各类演示，以协调和发展本组织的安全文化。安全促进的流程必须经常由员工和负责管理人员以非正式工作场所会议的方式进行评估，以评价其对本组织的影响①。

安全作为一个航空组织的核心价值，应该是公司内每项活动的基础。组织应将重点放在所有各级的安全问题上，安全应成为每个高层会议议程的第一个项目。组织应该建立一种安全文化，积极鼓励报告所有与安全有关的事故征候和事故。每个事故征候或安全关键事件都应该报告，无论它看起来是多么的微不足道。为了促进安全作为核心价值、观点，应按照组织的安全管理体系和标准来修改和传达各类变更。使用诸如安全通信稿、通告和公告、网站和电子邮件等方式来传播这些信息。在这一阶段，促进安全的有效方法应包括：

- 分享学到的“经验教训”以促进和改善安全管理体系；
- 识别出方法来沟通成功的安全管理体系（如在培训完成后，在提交的文件中确定今后趋势、安全绩效指标的变化等）；
- 审查安全政策，包括报告政策；
- 促进所有人员参与危险源的识别。

应该有一个文件化的流程来识别出培训需求，以一个验证流程来测量培训的有效性。组织需要确保所有员工接受适当的安全培训，安全培训的范围应适合参与安全管理体系的每个人。

- 责任经理应该对安全管理体系的角色和责任、公司的安全政策、安全管理体系的安全标准以及确保它们的测量方法有透彻的了解和认识；
- 高级管理人员应为其组织了解和传达法规要求，以及安全标准和保证流程；

① 民航局安全法规团队（2008），p.16。

· 管理人员和监督层应了解基本的安全流程，如危险源识别、风险管理和变更管理过程，以便从过去的事件中学习，并应用某些机制来提高安全水平；

· 运行人员应对安全管理体系的基础知识和组织的安全政策有一个基本的了解[①]。

词汇表[②,③]

事故（航空器）：任何人登上航空器准备飞行直至所有人员下了航空器为止的时间内，其中一个人死亡或受重伤，航空器遭受重大损坏，或航空器失踪或处于完全无法接近的地方。

飞行运行许可（AOC）：授权经营者进行指定商业航空运输的证书。

空中交通管制（ATC）：为控制航空器运行而提供的服务，其方式是（a）防止在机动区内航空器与障碍物之间发生碰撞；（b）加速和维持有秩序的空中交通流动。

审计：对是否确定符合特定标准水平的一个结构化和客观地评估。

变更管理：识别和分析可能会影响组织功能的内部及外部变化，并评估和控制与此类变化相关风险的一种系统方法。

合规：符合标准或规定的要求，或者与其保持一致。

防御层：采取具体的缓解措施、预防性控制措施或者恢复措施，以防止发生危险或使其升级为不良后果。

差错：运行人员的行为或不作为导致偏离了组织或运行的意图或期望。

应急预案（ERP）：对事故发生后采取行动，以确保有序并有效地从正常运行过渡为应急运行，然后安全地继续运行或尽快恢复正常运行的一个正式计划。应急预案规定了（a）应急权力的授权和应急责任的分配；（b）授权重要人员采取行动；（c）尽力协调应对应急情况。

疲劳：由于睡眠丧失或觉醒延长，昼夜节奏或工作负荷（精神和/或身体活动）导致的精神或身体表现能力降低的生理状态，这些情况会削弱机组人员

---

① 民航局安全法规团队（2008），p.15。

② 国际航空运输协会（2012）。

③ 国际民航组织（2009）。

的警觉性以及安全操作飞机或执行相关安全能力的职责。

疲劳风险管理系统（FRMS）：以科学原理和知识为基础，基于数据驱动的持续监控和管理疲劳相关安全风险的方法，以及旨在确保相关人员具有足够警觉性的运行经验。

安全管理体系框架（SMS）：国际民航组织附件6中公布的安全管理体系的结构，包括定义安全管理体系实施最低要求的4大支柱和12个要素。

危险源（航空器运行）：可能导致或致使人员受伤或死亡和/或正在运行的航空器受损或报废的现有或潜在情况。

ICAO附件：“国际民航组织公约”的附加章节是为各国航空当局提供的准则，用于制定并管理本国飞行运行的民航规章制度。

质量管理体系（QMS）：用以确保所有运行活动满足客户和监管要求的组织活动、计划、政策、程序、流程、资源、职责和基础设施的总和。使用受控文件系统来反映连续一致的履行并合规，得以实现的计划、政策、程序、过程、资源、职责和基础设施。

安全（运行）：将运行期间发生人身伤害或财产损失的风险限制在可接受的水平。

安全行动小组（SAG）：安全管理体系中的高级策略委员会，由指定的部门经理和一线人员代表所组成。它需要安全审查委员会的战略指导，以解决运行中风险控制措施的实施及有效性。请参阅《安全管理体系（SMS）和安全审查委员会（SRB）》。

安全保证：安全管理体系的组成部分，包括（a）安全绩效监控和测量；（b）变更管理；（c）持续改进安全管理体系。请参阅《安全管理体系（SMS）》。

安全文化：一个组织积极寻求改进的程度，对危险源保持警惕，并利用系统和工具进行持续监控、分析以及调查。它包括一线人员和管理层对人身安全责任的共同承诺，对安全系统的信心，以及一套成文的规则和政策。建立并健全安全行为的最终责任在于组织的管理。

安全管理体系（SMS）：对组织内部安全进行管理的一种系统方法，包括必要的组织结构、问责制、政策以及程序。（a）识别安全危险源；（b）确保采取必要的纠正措施以保持可接受的安全水平；（c）对所达到的安全水平进行持续监控和定期评估；（d）力求不断提高整体安全水平。

安全促进：安全管理体系的组成部分，为与安全风险管理和安全保证相关的过程提供支持，定义为（a）培训和教育；（b）安全沟通。请参阅安全《保证、安全管理体系（SMS）和安全风险管理》。

安全审查委员会（SRB）：安全管理体系的战略委员会，由高级管理人员组成；解决与运营人政策、资源分配和组织绩效监控相关层面的安全问题。请参阅《安全管理体系（SMS）和安全行动小组（SAG）》。

安全风险：根据预测航空器运行危险所产生后果的可能性和严重程度所进行的评估，其严重程度以最可预见的或最可信的结果作为参考。请参见《危险源》(飞机运行)。

安全风险管理：安全管理体系的组成部分包括（a）危险源识别程序；(b）风险评估和缓解过程。请参阅《安全管理体系（SMS)》。

国家安全方案（SSP）：目的旨在提高安全的一套完整的规章和活动。

组织文化：在一个特定实体中相互作用成员之间的特征和安全观念。组织价值体系包括优先或平衡政策，其涵盖生产与质量、安全与效率、财务与技术、专业与学术、执行与整改措施等领域之间的关系。

风险缓解：结合防范或预防性控制措施，降低危险预期后果的严重性和/或可能性的过程。

附录：安全管理体系差异分析①

#	要分析的方面或要回答的问题	状态	描述
组件1安全政策及目标			
要素1.1 管理承诺和责任			
1	是否建立、维护并遵守已定义的安全管理体系的组成部分？		
2	安全管理体系是否适合服务提供商的规模和复杂性？		
3	安全政策是否到位？		
4	服务提供商的安全管理体系是否基于安全政策？		
5	是否由责任经理批准并推广？		
6	是否定期评审安全政策？		
7	是否有正式的程序来制定一套有延续性的安全目标？		
8	安全目标是否与安全绩效指标、安全绩效目标以及安全要求挂钩？		
9	安全目标是否公布和公开？		
10	是否制定有确保安全缺陷、危险源或事件能够有效上报信息的相关政策，并包含适用的相关纪律和/或行政保护措施？		
要素1.2 管理人员的安全职责			
11	服务提供商是否确定了一位责任经理，代表服务提供商负责执行和维护安全管理体系？		
12	责任经理是否有责任确保安全管理体系得到适当的执行，并按服务提供商所有领域的要求执行？		
13	责任经理是否完全控制运行证书所授权运行业务所需的财务资源？		

① 国际民航组织（2009）。

续　表

#	要分析的方面或要回答的问题	状态	描述
14	责任经理是否完全控制运行证书所授权运行业务所需的人力资源?		
15	责任经理是否拥有授权在运行证书所授权运行业务的最终权力?		
要素 1.3 关键安全人员的任命			
16	是否有合格的人员来管理和监督安全管理体系的日常运作?		
17	监督安全管理体系运行的人员是否履行了所要求的工作职能和责任?		
18	组织中各级人员的安全授权、责任和义务是否进行了定义并形成了文件?		
要素 1.4 安全管理体系的实施计划			
19	服务提供商是否制订了安全管理体系实施计划，并确保安全管理体系符合组织的安全需求?		
20	安全管理体系实施计划是否是由具有一定经验基础的人员或计划小组制订的?		
21	个人或计划小组是否得到足够的资源（包括会议的次数）来制订安全管理体系实施计划?		
22	安全管理体系实施计划是否得到服务提供商高级管理层的认可?		
23	安全管理体系实施计划是否由服务提供商的高级管理人员定期审查?		
24	安全管理体系实施计划是否分阶段实施?		
25	安全管理体系实施计划是否明确解决了服务提供商的安全管理体系与提供服务期间其他组织的安全管理体系之间的协调?		
要素 1.5 应急响应计划的协调			
26	服务提供商是否有适合组织规模、性质和复杂性的应急响应 / 应急处置计划?		

续 表

#	要分析的方面或要回答的问题	状态	描述
27	应急响应/应急处置程序是否已形成文件、实施并分配给相应的管理人员负责?		
28	应急响应/应急处置程序是否作为安全管理体系管理评审的一部分，以及关键人员和组织变更之后定期进行审核?		
29	服务提供商是否向所有人员分发并传达应急响应/应急处置程序的内容?		
30	服务提供商是否按指定的时间间隔组织所有关键人员进行应急演练?		
31	服务提供商是否在提供服务期间就其应急响应/应急处置程序与其他组织进行协调?		
要素 1.6 文档记录			
32	服务提供商是否以纸质版或电子版的形式制定及维护安全管理体系文档?		
33	是否以描述安全管理体系和所有安全管理体系组件之间统一的相互关系的方式来制定安全管理体系文档?		
34	服务提供商是否制定《安全管理体系手册》，并将其作为组织安全的关键工具传达给整个组织?		
35	《安全管理体系手册》是否记录了安全管理体系的所有方面，包括安全政策、目标、程序和个人安全责任?		
36	《安全管理体系手册》是否明确阐明了安全风险管理作为初始设计活动的角色，并将安全保证的角色作为一项持续的活动来推动?		
37	在适当的情况下，安全管理体系相关文件的相关领域是否被纳入受控文件，如《公司运行手册》《维修控制/政策手册》《机场运行手册》?		
38	服务提供商是否有一个文档记录系统，确保所有必需的记录得到生成及保留，同时支持运行的要求?		
39	服务提供商的记录系统是否符合适用的监管要求和行业最佳实践?		

续 表

#	要分析的方面或要回答的问题	状态	描述
40	记录系统是否提供必要的控制过程以确保适当的识别、可读性、存储、保护、归档、检索、保存时间和记录的处置？		
组件 2 安全风险管理			
要素 2.1 危险源识别过程			
41	服务提供商是否有正式的安全数据收集和处理系统（SDCPS），用于有效收集运行中的危险源信息？		
42	服务提供商的安全数据收集和处理系统 SDCPS 是否包含被动性、主动性和预测性安全数据收集方法的组合？		
43	服务提供商是否有被动程序，用于捕获与安全和风险管理相关的信息？		
44	服务提供商是否制定了与被动性安全数据收集方法相关的培训？		
45	服务提供商是否制定了与被动性安全数据收集方法相关的沟通渠道？		
46	被动性报告是否是简单、可访问的，并与服务提供商的规模相符？		
47	被动性报告是否在适当的管理层面进行审查？		
48	是否对报告者反馈已收到他们的报告，并对他们及时反馈分析结果？		
49	服务提供商是否有主动的流程，通过分析组织的活动来积极识别安全风险？		
50	是否提供了与主动安全数据收集方法相关的培训？		
51	服务提供商是否制定了与主动安全数据收集方法相关的沟通渠道？		
52	主动性报告是否是简单、可访问的，并与服务提供商的规模相符？		
53	服务提供商是否具有预测程序，能够在正常运行中实时捕获系统绩效？		

续 表

#	要分析的方面或要回答的问题	状态	描述
54	是否提供了与预测安全数据收集方法相关的培训？		
55	服务提供商是否制定了与安全数据收集预测方法相关的沟通渠道？		
56	预测性安全数据采集过程是否简单易行，并与服务提供商的规模相符？		
要素 2.2　风险评估及缓解过程			
57	服务提供商的安全管理体系文档是否明确阐明了危险源、后果和风险之间的关系？		
58	是否有一个结构化的过程来分析已识别出的危险源所产生的后果的相关风险，并以事件的概率和严重程度表示？		
59	是否有评估风险和建立风险承受能力的标准（即组织愿意接受的可接受的风险水平）？		
60	服务提供商是否制定了风险缓解策略，包括纠正 / 预防措施计划，以防止所报告事件和缺陷的再次发生？		
61	是否提出了纠正和预防措施以应对事件分析？		
组件 3 安全保证			
要素 3.1 安全绩效监控及测量			
62	是否定期进行有计划的评审： ——公司的安全绩效？ ——内部审计审查？ ——危险源识别和事件调查？ ——危险源和事件分析结果？ ——内部反馈分析 / 结果？ ——外部反馈分析 / 结果？ ——纠正措施的状态？ ——以往管理评审的后续行动？ ——可能影响安全的变化？ ——改进的建议？ ——共享整个组织的最佳实践？		

续 表

#	要分析的方面或要回答的问题	状态	描述
63	是否有过程来评估纠正措施的有效性?		
64	安全报告是否在适当的管理级别进行审查?		
65	是否有反馈过程通知报告者他们的报告已经收到，并分享分析结果?		
66	是否有监测和分析趋势的过程?		
67	服务提供商是否实施了自我评估流程，例如，定期审查、评估、调查和审计?		
68	是否对识别出的危险源安排了纠正和预防措施?		
69	有进行内部调查的程序吗?		
70	是否有措施确保所有报告的事件和缺陷得到调查?		
71	是否有确保事件和缺陷报告被分析，以识别所有相关危险源的程序?		
72	是否提出了纠正和预防措施以应对事件调查和风险分析?		
73	服务提供商是否有评估已制定的纠正 / 预防措施有效性的程序?		
74	服务提供商是否有系统来监控内部报告流程和相关的纠正措施?		
75	是否具备进行有效内部评估所需的独立性和权威性审计职能?		
76	审计系统是否覆盖了服务提供商的所有职能、活动和组织?		
77	是否明确界定了审计范围、标准、频率和方法?		
78	是否有选择 / 培训的过程，以确保审计人员的客观性和胜任能力以及审计过程的公正性?		
79	是否有报告审计结果和维护审计记录的程序?		
80	是否有对审计结果做出及时的纠正和预防措施要求的规定程序?		
81	是否有对所采取行动的核实情况和核查结果报告进行记录的程序?		

续 表

#	要分析的方面或要回答的问题	状态	描述
82	服务提供商是否对由内部评估引起的安全关键功能和相关安全问题进行定期管理评估?		
要素 3.2 变更管理			
83	服务提供商是否制定并维护管理变更的正式流程?		
84	变更管理的正式流程是否会对运行或关键人员可能面临的风险变化进行分析?		
85	服务提供商是否对组织内可能影响既定流程和服务的变更进行了识别?		
86	服务提供商是否已经做出安排，确保在实施变更之前维持安全绩效?		
87	服务提供商是否建立了因运行环境变化而需要对安全风险控制条款进行删除或修改的程序?		
要素 3.3 安全管理体系的持续改进			
88	组织是否有通过审计和调查来主动评估设施、设备、文件及程序的流程?		
89	组织是否有主动评估个人表现的流程，以验证其履行安全责任的程度?		
90	组织是否对风险控制和缓解的有效性进行验证?		
组件 4 安全促进			
要素 4.1 培训及教育			
91	是否有确定培训要求的程序文件，使培训人员接受培训并有能力履行安全管理体系职责?		
92	安全培训是否适合参与安全管理体系的个体?		
93	安全培训是否纳入职业教育培训?		
94	有受影响的人员是否进行应急响应 / 应急处置培训?		
95	是否对培训效果进行衡量?		
要素 4.2 安全沟通			
96	组织内部是否存在使安全管理系统能够有效运作的沟通流程?		

续　表

#	要分析的方面或要回答的问题	状态	描述
97	沟通过程（书面、会议、电子信息等）是否与服务提供者的规模和范围相符？		
98	信息是否建立并保存在一个适当的媒介中，以提供有关安全管理体系文件的指导？		
99	是否有一个在整个组织内传播安全信息的流程，并拥有监测这一流程有效性的手段？		

附录：安全政策样例

我们的企业文化与企业道德均关注于提供世界一流的维修服务。XY 维修企业以安全、灵活、高效、可靠的方式为客户提供超值的维修服务。我们致力于制定、执行、保持并不断改进我们的流程和公司战略，以确保我们以均衡的资源配置进行所有的维修活动，旨在达到最高水平的安全绩效并达到国家和国际标准。

以责任经理为首的全体员工都必须以提供最高水平的安全绩效为己任。

XY 维修企业的政策是鼓励公开报告所有安全隐患的创造性安全文化，高级行政管理层不得对任何善意报告危险源或安全事件的人员采取纪律处分，除非其存在故意情节或严重疏忽，我们按照以下关键原则进行管理：

安全被视为公司的核心价值；

始终以最安全的方式运行；

永远不要冒不必要的风险；

安全并不意味着无风险。

我们的承诺是：

（1）提供适当的人力和财力资源来支持安全管理，这将形成促进安全工作的组织文化，同时鼓励有效的安全报告和沟通；

（2）执行并保持安全管理体系；

（3）把安全管理强制作为所有管理人员的首要责任之一；

（4）积极管理安全，将其放在与重视财务管理结果同样的高度；

（5）明确规定全体员工履行安全职责的责任和义务；

（6）遵守并尽可能高于法律法规、要求和标准；

（7）不断提高安全绩效，开展安全管理评审，确保采取有效的安全行动；

（8）确保支持我们运行的外部系统和服务，根据我们的安全绩效标准提供支持。

附录：主风险清单样例

序号	风险识别	风险描述	可能性	财产影响	总潜在风险	优先顺序
1	灯光	机场滑行道或某些地点的照明缺失或不足导致事故	3	3	9	3
2	障碍物净空	由于缺乏征用权，障碍物净空区内的建筑物不能移除 / 预防	3	3	9	4
3	静态试验	与发动机静态试验结果一样的事故	3	3	9	7
4	航空器事故	定期或包机航空器事故	2	5	10	2
5	空防	蓄意或恐怖袭击	2	5	10	1
6	市场风险	成本更高 / 收入更低	3	3	9	8
7	客梯	在不能运行的客梯上下客的事故	3	3	9	6
8	油料	加注了错误的燃油	2	4	8	9
9	推脱风险	牵引大型航空器或停放航空器时发生事故	3	3	9	5
10	直升机坪	直升机与油料库相撞发生爆炸	2	4	8	12
11	积水	跑道和滑行道排水不畅	2	3	6	18
12	消防	在事故中没有按照规定配备足够的人员或物资	2	4	8	15
13	动物	由于跑道上出现动物造成事故	2	4	8	11
14	人员不足	缺少替代的人员或没有资质的员工导致业务中断	3	2	6	17
15	火灾	行政大楼、候机楼或飞机机库起火	2	4	8	13
16	跑道道面状况	由于跑道道面维护不善导致事故	2	4	8	16
17	局方法规	违反局方法规导致官方限制或事故	2	4	8	14
18	油料系统	油料库爆炸	2	4	8	10

续 表

				2012 年 12 月				2012 年 6 月				
		严重性：1=低，5=高		风险等级				风险等级				
		可能性：1=低，5=高		低	中	高		低	中	高		
		风险：严重性 * 可能性		≤3	4—9	10—25		≤3	4—9	10—25		
序号	部门	风险描述	影响	严重性	可能性	风险	趋势	严重性	可能性	风险	措施	责任人
1				5	1	5		5	2	10		
2				3	4	12		3	4	12		
3				4	3	12		4	3	12		
4				1	1	1		5	1	5		
5				3	2	6		3	2	6		
6				3	2	6		3	2	6		
7				2	1	2		5	1	5		

附录：航空安全报告/危险源报告流程

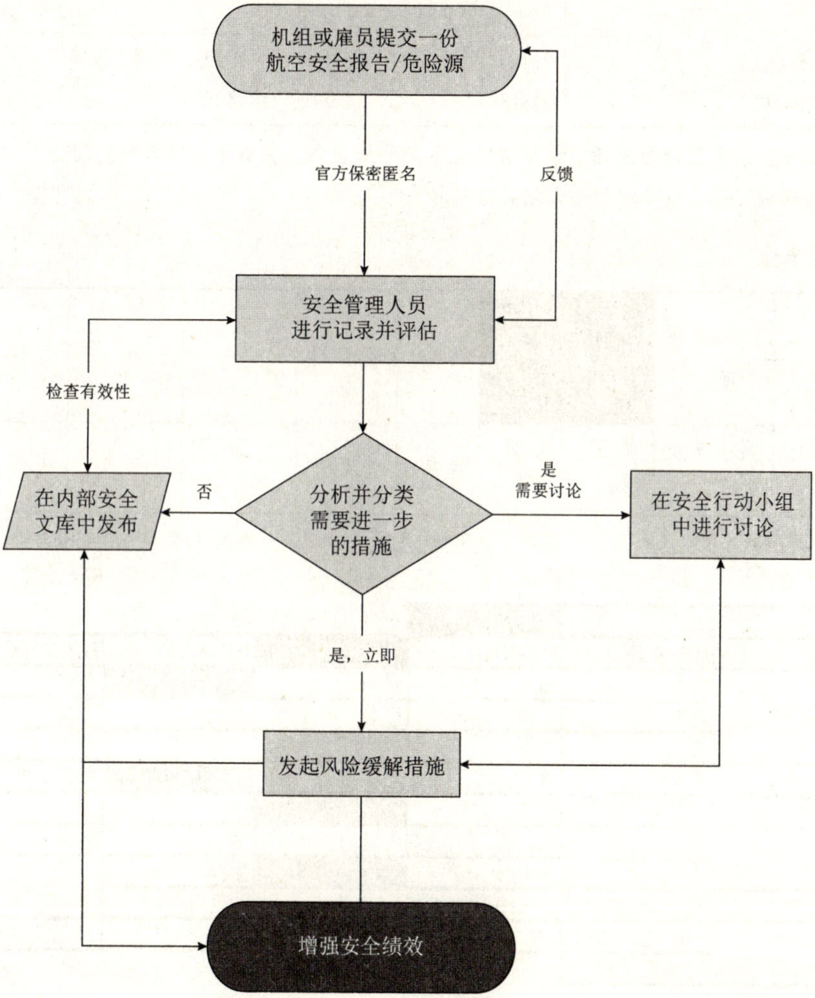

附录：航空安全报告

航空安全报告及危险源识别

责任机长	第二机长	其他机组成员
■主飞 □监控	—	—
事件日期： 2013.04.23	时间（世界时间）： 21:45	起飞—降落 / 备降 降落

重要通知！灰色区域为选填。该报告将以匿名形式提供，数据不会被转发！但为了进一步调查工作的开展，推荐提供个人相关资料。

主题 / 事件

不正常事件	机组资源管理	紧急事件	货物	空中交通管制人员	运行方式	机场	空防
飞行计划	调准操作程序	航图、地图、导航	签派	复飞	地面保障	技术	天气

空速 / 马赫数：150 节　　高度：3000 英尺　　燃油（磅）：3000

机组人数：2　　跑道：13　　事发地点：RW 上空

时间	白天	夜晚			
飞机	HB-XXX	HB-XXX	HB-XXX	HB-XXX	HB-XXX
飞行阶段	停放	推出	滑行	起飞	爬升
	巡航	下降	等待	进近	复飞
	着陆	其他			
飞机状态	自动驾驶	自动油门	起落架放下	襟翼放下	减速板升起
跑道情况	泥泞	雪	干	湿	
天气	雪	雨	结冰	雾	颠簸
	冰雹	风切变	晴朗	雷暴	
能见度	大于 10 千米	5—10 千米	1—5 千米	少于 1 千米	
气温	−30℃至−10℃	−9℃至 10℃	11℃至 16℃	17℃至 25℃	26℃至 30℃
	31℃至 40℃				

简要描述：　　■危险源

起飞过程中，飞机爬升阶段，在约 2000 英尺高度，右发（2 号发动机）遭鸟击。机组立即关闭该发动机并返场着陆。无人员受伤，飞机安全着陆。右发损伤严重。

附录：安全管理评估表

由安全管理人员完成填写

该报告已确定并进入公司数据库。

签名：______________________ 日期：__________

评估发生风险的概率

经常				**几乎不可能**
5	4	3	2	1

评估最坏情况下的严重程度

灾难性的				**不重要的**
5	4	3	2	1

需要采取什么行动来消除或控制危险源并防止伤害？

提高运行该机场机组的认识，并对相关的应急程序进行额外的培训，向机场报告该事件，与其他运营商协调，向机场请求协助。

所需资源：

行动措施的责任：

给予员工适当的反馈。

签名：_________________________日期：__________________

附录：瑞士民航局自愿报告系统报告[①]

为了提交报告，请填写下面的在线表格。或者，你也可以下载快照表格版本，该版本可以通过邮件或传真发送到瑞士自愿报告系统的地址。针对第三方的投诉不应该以瑞士自愿报告系统的方式提出，应通过普通追索权向瑞士联邦航空办公室进行报告。虽然如此，如果以瑞士自愿报告系统的方式对第三方提起申诉，提交申诉的人必须考虑到其个人资料，可能会由于被告人的权力而被被告人所知晓。

页头

网址主页（请勿填写）

事件发生日期及时间（*）

事件发生地（*）

航空器型号 / 注册号

是否需要向其他部门报告事件（*）

如果需要，向谁报告

事件描述（*）

发生的可能原因

如何避免此类事件

姓名

公司名

街道

邮政编码

电话号码

传真

电子邮件

（*）为必填项

① 瑞士民航局（2007）。

附录：应急总监的应急响应计划检查单

应急总监

	姓名	部门职责	值班电话	传真	手机号码	私人电话
1						
2						

序号	行动	执行工作	完成/信息	项目完成时间/日期/3LC	备注
1	提醒应急总监相应运行人员				
2	规定电话查询中心热线号码，并转发给新闻办公室				
3	获取危机处置小组成员抵达的反馈				
4	安排时间制作初步简报				
5	在应急指挥中心进行情况初报： ·现有信息 ·下一步工作协调 ·照顾乘客、机组、家属 ·沟通（内部、外部） ·保护数据 ·实地考察/现场团队 ·保持运行 ·其他尚未解决的问题				
6	在应急日志中记录紧急事件				
7	从事故现场获取事故现场的联系人				
8	与负责调查的调查员建立联系				

续 表

序号	行动	执行工作	完成/信息	项目完成时间/日期/3LC	备注
9	要求进一步的信息： ·旅客情况 ·机组情况 ·航空器情况				
10	保护原始的商业文件、航空器文件、相关的审计报告等				
11	与负责调查的调查员交换信息： ·核对旅客数据 ·提供必要的数据和信息				
12	与相应的运营人（代理商）信息交换： ·联系特别援助小组 ·核对旅客数据 ·新闻发布				
13	与地方当局的信息交流： ·提供必要的数据和信息				
14	根据民航当局是否已经发出通告，通过表格分别检查发出通知				

附录：个人风险评估范例

样本公司的风险管理

个人风险评估

9 号风险：汇率的制定

介绍

作为样本公司风险管理的一部分，与公司同时存在且与运行和发展有关的所有风险的潜在来源应系统地记录并分析。在财务系统范围内对公认相关风险的发生可能性及严重程度等标准进行评估。随后根据其先后顺序和风险因素，将所产生的风险列入主风险清单。这是个人风险评估的基础，其中显示了重大风险，并提出了相关措施来降低风险水平。

起点：9 号风险——汇率的制定

- 汇率变动不仅会影响收入和成本，还会影响样本公司的资产和负债，因此此风险极其不利。样本公司以下列货币进行核算：瑞士法郎、欧元、美元和日元。作为出口商，近年来瑞士法郎的升值在样本公司看来是没有优势的。
- 几年来，样本公司已经采用的货币为瑞士法郎、欧元和美元，而没有采用日元，在瑞银采取相应工具抑制下行趋势，其目的是长远的货币安全。相应的营业利润率在 2013 年 10 月 3 日的强制性外币指令中进行了描述。
- 样本公司对于自然对冲的可能性很低，比如，在美元或日元地区没有生产设备，能力有限，并且以欧元作为供应商和员工的支付货币。

9 号风险：汇率的制定

风险责任人	首席财务官 Karl Muster
可能性	发展过程（逐步）□□■□事件（非预期）
风险领域	财务
危险源	市场价格（主风险清单项目 6.2）

续 表

风险成因	——负汇率的形成 ——国外交货（出口）销售价格的下降 ——国际业务下滑，因为外国竞争对手可以提供更多价格合理的产品（套利） ——缺乏货币风险对冲 ——通胀上升

目标	程序 / 措施项
□避免风险 ■缓解风险 □接受风险	提前预警指数 银行汇率等
降低可能性	——外汇指令的执行情况
降低严重程度	——按照外币兑换准则继续完成外汇兑换合同 ——限制持有非对冲货币 ——用货币、金融工具等来阻止投机的机会 ——对证券进行中长期投资，不增加汇率风险

措施	负责人	最后完成期限	状态
完成的措施			
建立外汇政策	某约翰	2010.06.30	完成
检查，日元汇率是否应该对冲	某约翰	2011.09.30	完成
正在进行的行动			
在苏黎世瑞银集团使用对冲工具	某约翰	2014.12.31	进行中
定期评估与价格限制及股票有关的货币头寸（某种货币不得超过一定数量）	某约翰	2014.12.31	进行中
放弃包括附加货币风险在内的金融工具和制度	某约翰	2014.06.30	进行中
对我们有关的货币附加费或降价的子公司定价安排年度回顾	某约翰	2014.12.31	进行中
检查集团范围内的现金池是否可用	某约翰	2014.03.31	进行中

附录：风险管理政策

新航空股份有限公司
风险管理政策

目录

风险管理原则

风险管理的概念

新航空股份有限公司的风险管理工作是最高管理层的一项任务，由董事会监督，并形成企业范围的战略框架。它旨在识别出可能对公司造成重大负面影响的潜在事件，其目标是控制风险，并确保在实现公司目标方面有足够的确定性。及早识别不同部门范围内的相关风险，应该能够使企业安全得到加强。新航空股份有限公司的风险管理已经植入公司现有的管理流程中，而不是一个平行的组织体系。

风险管理的目的

风险管理的主要目的是向董事会和最高管理层提供全面并且持续更新的公司风险概况。基于这一点，最重要的风险可以根据它们的可能性进行系统的处理，并尽可能地缓解其影响。其主要目标包括：

- 战略、风险管理和内部控制的协调；
- 优化对风险反应的决策；
- 提高预测的可靠性；
- 识别并控制企业范围内的风险；
- 提高公司的整体风险意识；
- 在公司层面对程序以及风险管理语言进行标准化；
- 每年编制“首要风险清单”，然后在相应的部门进行应用；
- 提供足够的保险覆盖；
- 确保内部控制系统尽可能持续执行并优化。

风险管理的策略

检测并分析可能影响公司实现其战略目标能力的风险因素。新航空股份有限公司的董事会和最高管理层深信，风险始终与机遇相关联。对所承担的风险进行计算对于公司的发展至关重要。每位员工都应该了解新航空股份有限公司的战略方向，并通过采取合理的措施（如下所述）来实现这些目标，以便有效管理风险和机遇。

新航空股份有限公司的战略基于以下愿景：

· 通过精心挑选的细分市场和服务解决方案，充分利用瑞士的增长机会；
· 在瑞士航空业带有瑞士本土标签的市场领导地位；
· 通过在全球网络中提供最先进的运输服务来扩大自身的运输业务范围。

年度简报

董事会必须每年至少一次与最高管理层讨论新航空股份有限公司的风险环境及相关风险承担。风险清单和措施中需要包含所有问题项，并提出解决和缓解这些问题的方法。

风险管理组织

在新航空股份有限公司里，董事会全面负责风险管理。如有需要，董事会可向咨询委员会征求意见。根据相关法律以及公司条例，董事会将风险管理的实施委托给最高管理层。可以由风险经理（风险管理人）协助最高管理层进行管理，他/她代表最高管理层开展相关活动并向他们汇报工作。在发生紧急风险或如果担心这些风险没有得到充分的重视和/或解决时，风险经理可以直接与董事会主席进行汇报。

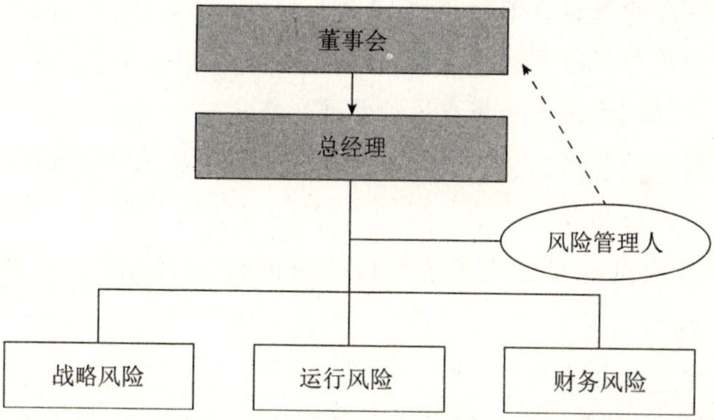

角色和责任

董事会

· 确定风险管理组织；
· 确定风险管理流程；
· 确定风险管理政策并通过该政策；
· 确保有效实施风险管理组织、风险管理政策和风险管理程序；

· 全面负责风险管理。

最高管理层

· 在战略、业务和财务框架内管理所有的风险因素，以缓解和减少风险；
· 及时、准确地指出公司所面临的风险，以及为确保其有效性所采取的措施；
· 负责实施和协调风险管理；
· 协调有关风险管理的信息流和文件；
· 进行抽样调查，确保所有风险得到识别、分析，并在必要时进行一次风险评估，并确定适当的风险缓解措施。

风险经理（管理人）

· 编制年度风险分析（作为年度态势分析的一部分），提交给最高管理层和董事会；
· 向最高管理层和董事会提交编制的风险缓解措施，并监控风险缓解措施的执行情况；
· 向最高管理层就关键风险和风险缓解措施的新情况进行季度报告（将风险雷达作为季度报告的一部分）；
· 向董事会进行风险管理年度报告；
· 协调内部控制系统的措施与风险管理职能；
· 持续进行风险识别、明确提出措施并报告风险环境的重大变化；
· 编制年度预防措施概览；
· 确保所有雇员在年度人员绩效回顾中因新出现的或更坏的风险而提出质疑。

风险管理是公司中每个人的责任，包括管理层和员工，因此，风险管理潜移默化地成为公司每个成员工作的一部分。为了使所有雇员能够适当地应用这一责任，相关的风险管理信息将被公布，并通过内部网络为所有雇员提供访问。

风险管理流程

流程阶段

每年要在战略环境中进行风险识别、风险评估、风险评定、风险重新分配和报告的整个流程。在意外事件和异常事件的情况下，这些过程可能会更频繁地发生。

风险管理流程的六个阶段：

阶段 0——准备

阶段 1——风险识别

阶段 2——风险评估

阶段 3——风险措施

阶段 4——风险重新分配

阶段 5——报告

流程概述

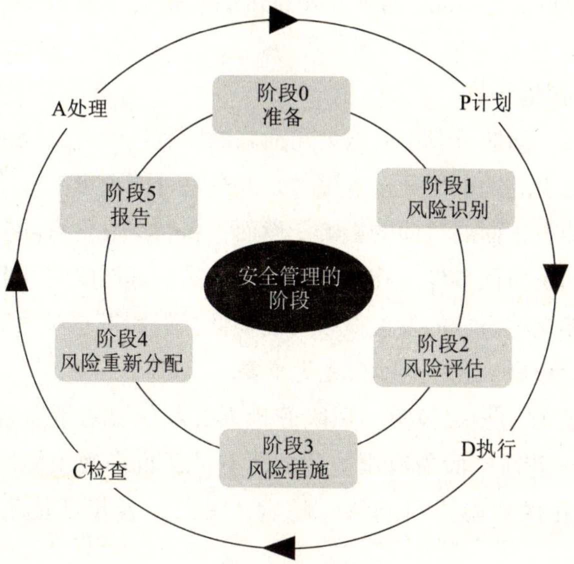

最高管理层流程在整个公司都是标准化的。最高管理层应尽全力提高各级员工的风险管理意识。

风险管理指南

阶段 0——准备

准备阶段是一个长期的过程，不是每年进行一次。在非常事件发生或有新的信息可用的情况下，它将持续较长的时间，并且在公司战略发生变化的情况下会对其进行修订和修改。这个阶段包括以下任务：

· 成立风险管理组织
· 建立风险管理流程
· 制定风险管理政策
· 设置风险管理指南

里程碑 0：成立风险管理组织，批准风险管理政策，实施风险管理程序，并采用风险管理指南。因此，应由董事会采纳或修订风险管理政策。

阶段 1——风险识别

在这个阶段，新航空股份有限公司面临的所有风险都已经确定。风险是由内部或外部来源引起的事故征候或事件，并且它可能会影响战略的实施或实现目标。风险可能有正面或负面的影响；然而，新航空股份有限公司的重点风险管理活动针对的是负面事件。在这个阶段，最高管理层确定并监控所有可能发生的事件，虽然这些事件的发生概率可能很低，但如果它对现实中的重要目标有着潜在的巨大影响，这一点就会尤为重要。

为了捕捉所有的相关风险，风险管理人员不仅要对董事会和最高管理层成员进行访谈，新航空股份有限公司的所有员工也都必须使用标准化的问卷调查对可能存在的风险进行问答。随后，可以结合年度员工绩效回顾进行评定。

里程碑 1：在风险管理过程实施之后，作为年度员工绩效考核的一部分，所有员工都会面临可能出现的新风险或恶化风险，我们需要对此进行访谈。

阶段 2——风险评估

第 1 步：风险的合并和分类

所有识别出的风险首先在风险经理的指导下，由最高管理层组成的跨专业团队进行综合整理。相似的风险将被集中起来，没有相关伤害可能性的风险将被剔除。风险分为战略风险、运行风险和财务风险三大类。

战略风险：所有危及公司生存或可能导致公司进入清盘/破产的风险均被列为战略风险。总的来说，这些风险与公司的长期成功和生存能力有关。它们包括：

- 灾害或不可抗力因素造成的风险，包括自然灾害造成的服务中断、不确定性、服务责任等。
- 环境风险：强大的竞争者对业务产生负面影响。竞争对手及其产品相关的错误、不及时或无法获得的信息可能会对业务产生不利影响。
- 管理风险：除了拥有合适的组织外，管理风格是公司成败的关键先决条件之一。缺乏领导力（不明确的指示、责任不清）可能会对公司构成风险，例如，对领导高管的过度依赖。
- 与利益相关者有关的风险：确保公司专注于所有利益相关者的需求和愿望，包括股东和业务合作伙伴、局方、供应商和整个社会。

运行风险：运行风险是由于不适当的或缺乏内部流程，进而造成人员或系统威胁到战略目标的风险。一般而言，这些风险属于短期或中期风险，其包括以下内容：

- 流程风险：客户对公司相关流程的要求与现实情况矛盾的相关风险。
- 运行风险：日常运行中出现的资源不足、质量问题、疾病、事故、计算错误、维修缺陷等风险。
- 信用风险：重要设备的运行故障，例如，必要的 IT 基础设施故障等。
- 人员和文化风险：由于多年的企业文化发展和在这个文化中生活及工作的人们而产生的风险。这类风险有几种类型，可以简单归纳为资源、技术诀窍和技能、工作热情、诚信、报酬、业绩与工会的关系以及法律问题的形式等。
- 法律风险：由于未来法规或法律程序的不确定性而产生损失的可能性，

例如，诉讼、破产等的后果。

财务风险：对公司（短期或长期）有纯财务影响的风险属于这一类，例如：

- 市场风险：市场价格和利率（包括商品价格、利率和汇率）的不利变化造成损失的可能性。
- 流动性和信贷风险：流动性风险描述了一方在某一时间不能履行债务的情况，这可能影响流动资产的收集、管理、对冲和融资。
- 税收、规章和会计：账目受到彻底审查，并可能因现有的诉讼和法律措施而遭受重大风险。
- 资本结构：公司没有充足/最佳的资本，导致较高的资本成本、较低的盈利能力和现金流流动性减少。

第 2 步：风险先后优先排序

应组织一次研讨会，以便将主要风险清单中的风险进行先后排序。来自所选部门的高层管理人员以及外部的顾问都应参加这次研讨会。这样做的目的是鼓励有关风险的公开对话。

基于风险优先值对所有已识别的风险进行分析，风险优先值基于两个标准，并在 1—5 进行加权。其标准定义为：

- 事件的影响或严重程度（金融方面风险的影响）；
- 发生的概率（发生这些风险的频率）。

风险优先值等于两个风险因素的乘积。因此风险优先值最低为 1，最高为 25。风险评估的部分是决定一项风险是否有相关的前置时间，这被认为是一项“令人惊讶的因素”，相当于风险值为 -1。根据所确定的风险优先值，对总风险清单进行先后优先排序。

总风险清单应被所有雇员视为机密，但是，它可能作为年度保险核查的有关资料，需要向保险经纪人和保险专家出示。判断风险优先值的矩阵如下图所示。

灾难	> 50 百万瑞士法郎	5				
严重	> 5 < 50 百万瑞士法郎	4	8			
中等	> 0.5 < 5 百万瑞士法郎	3	6	9		
低	> 0.05 < 0.5 百万瑞士法郎	2	4	6	8	
微不足道	< 0.05 百万瑞士法郎	1	2	3	4	5
	标准	< 100 年一次	> 100 年一次 < 10 年一次	> 10 年一次 < 1 年一次	> 1 年一次 < 1 月一次	> 1 月一次
严重性／可能性		实际上不可能	不可能	可能	偶尔	经常
1 区		风险是不可接受的，需要立即采取风险缓解措施				
2 区		可容忍的风险，评估风险缓解措施				
3 区		可接受的风险，不需要采取措施				

根据风险评估，风险优先值超过 10 的潜在风险是新航空股份有限公司的主要风险（最高风险），这是由以下原因决定的：

· 将注意力集中在选定的问题上；
· 有效分配现有资源、人力资本和财务；
· 将每一个最高风险分配给风险责任人。

里程碑 2：识别、列明最重要的风险（最高风险）。

阶段 3——风险措施

每个关键风险（最高风险）的措施都应在所谓的个人风险评估中进行定义。其分析过程包括：

· 风险发生的完整情景；
· 风险的驱动力；
· 此风险与其他风险的联系；

· 风险量化（智能估计）;
· 确定“需要行动”并定义必要的风险缓解措施。

详细分析必须与最高管理层进行讨论。每个风险均由风险管理人根据以下几点进行监控：

· 明确和可实现的目标和基准；
· 详细计划流程，包括明确的截止日期、重要里程碑和成本效益分析；
· 关键绩效指标或标准的定义；
· 制定明确的方法；
· 明确资源分配。

里程碑 3：确定风险处理措施，制订行动计划，并对每一项最重要的风险安排负责人员。

阶段 4——风险重新规划

特定风险的行动计划设定在一个特定的相关项目中。随着最高风险清单的风险趋势变化及对这些风险的响应的有效性，风险规划应在每年的第二季度进行更新。重新规划的重要性为：

· 保持对风险场景发展的敏感性；
· 审查风险处置措施的有效性；
· 控制风险管理流程。

为确保对所有潜在风险的准确和完全理解，对所有员工进行定期调查（作为年度绩效评估的一部分），以获得他们的风险评估。在可能的情况下，风险重新规划应该由一个多学科的小组来完成。

里程碑 4：个人风险评估由风险责任人在风险管理人协调之下持续进行处理。

阶段 5——报告

报告由风险经理（管理人）准备，风险管理流程的监控记录为：

- 向最高管理层进行主要风险季度报告；
- 根据主要风险清单和风险管理人的活动向董事会进行所有风险的年度报告；
- 每年更新与风险管理有关的所有文件。

为了能够将风险管理和报告更新至最新的标准，风险管理人员应该与最高管理层讨论安排相关的培训。

里程碑 5：定期更新和报告后续流程，风险回应及风险提议的有效性可以用于下一个周期。

最后条款

生效

根据董事会的决议，该风险政策将立即生效，替代新航线股份有限公司的所有风险管理规定。

修改

这个风险政策至少每四年必须进行一次审查，如有必要还必须进行修改。

****

苏黎世，2013 年 4 月 1 日

董事会主席：　　　　　　　　　　董事会秘书：

________________________　　　________________________

附录：风险评估的步骤

根据 Kaplan 和 Garrick (1981)，第 11—27 页：

会发生什么，有多少可能性会发生，如果发生了会有什么后果？

根据 Suddle 和 Waarts 的观点（2003）：

1. 不良后果的可能性。
2. （最大）严重性下可能的不良后果。
3. 非预期后果组成部分的多属性加权总和。
4. 非预期后果可能性 x 的严重性（预期损失）。
5. 所有不良后果（平均预期损失）可能的概率加权总和。
6. 通过关于概率与非期望后果的程度点图来拟合功能。
7. 其平均可能不希望后果的半方差。
8. 关于平均后果所有可能不良后果的差异。
9. 所有可能后果预期值和方差的加权总和。
10. 所有可能后果概率分布的各种参数加权组合（包括 8 和 9）。
11. 可能出现不良后果的加权（损失）相对于可能的期望后果（收益）。

附件：保险审查

1. 保险范围是否全部覆盖了？

保险	承保人	保险范围	保险期
公众责任保险			
财产保险			
飞机保险			
个人意外保险			
飞机综合保险			
机动车辆保险			
意外保险			
集体事故保险			
病假工资保险			
使用损失保险			
运行法定费用保险			
特殊保险（以防勒索）			

2. 所有主要风险清单相关的风险是否都进行了保险？

☐ 是

☐ 否

措施 ....

3. 风险是否在很大程度上得到了保险？

☐ 是

☐ 否

措施 ....

4. 保险期是否足够长？

☐ 是

☐ 否

措施 ....

续 表

5. 风险是否进行二次投保？ □ 是 □ 否 措施 …………………………
6. 法律标准是否遵守法律风险？ □ 是 □ 否 措施 …………………………
7. 有没有保险经纪人的书面评估？ □ 是 □ 否 措施 …………………………
8．是否有保险经纪人的书面确认书？ □ 是 □ 否 措施 …………………………
9. 在保险账户 / 新合同中的佣金费用是否透明？ □ 是 □ 否 措施 …………………………
10. 对于保险单或续费以及在某种程度上收取任何费用或佣金是否透明？ □ 是 □ 否 措施 …………………………

checket at ……………………

by ……………………

参考文献

1.Bundesamt für Zivilluftfahrt (BAZL). (2007). *Voluntary reporting system (SWANS).* Retrieved June 13, 2013, from http://www.bazl. admin.ch/experten/luftfahrzeuge/03096/03099/index.html?lang=en.

2.Bundesamt für Zivilluftfahrt (BAZL). (2009). *Swiss Aviation Notification System (SWANS).* Zürich: Federal Department of the Environment, Transport, Energy and Communications DETEC.

3.Case, K. E., & Fair, R. C. (2007). *Principles of economics* (8th ed.). NJ: Pearson Prentice Hall.

4.Civil Aviation Authority-Safety Regulation Group. (2008, October). *Safety regulation: Safety management systems.* Retrieved June 22, 2009, from www.caa.co.uk:http:/www.caa.co.uk/docs/1196/20081010Safety ManagementSystems.pdf.

5.Department of Transportation (DOT) Canada. (2004, September). *TPI4135E safety management systems for small aviation operations - A practical guide to implementation.* Ottawa, ON, Canada: Department of Transportation (DOT) Canada.

6.Devine, T., & Maassarani, T. F. (2011). *The corporate Whistleblower's survival guide.* San Francisco: Berrett-Koehler Publishers, Inc.

7.Dong, L., Neufeld, D., & Higgins, C. (2009). Top management support of enterprise systems implementations. *Journal of Information Technology, 24,* 55-80.

8.Fiegenbaum, A., & Thomas, H. (2004). Strategic risk and competitive advantage: an integrative perspective. *European Management Review,* /(I), 84-95.

9.Grant, R. M. (2010). *Contemporary strategy analysis* (7th ed. Ausg.). Chichester: Wiley.

10.Hecker, T. (2012, March 26). *BMBF-Forschungsprojekt Flughafen Sicherungssystem,* Zürich, Switzerland.

11.lATA, E. L. (2012). www.uldcare.com. Abgerufen am September 2013 von http://www.uldcare. com/DATA/DOCUMENT/v13_E04.pdf.

12.International Business Aviation council (IBAC). (2008, November). *SMS guidance manual.* Montreal, QC, Canada: International Business Aviation council (IBAC).

13.ICAO. (2008, November 15). *Training: ICAO SMS Module 02 -Basic safety concepts.* Retrieved June 21, 2009, from ICAO: http://www.icao.int/anb/safetymanagement/presentations/*SMS* % 20M%2002%20%E2%80%93%20Basic%20safety%2008-12%20(EP). ppt.

14.International Civil Aviation Organisation (ICAO). (2008, November 15). *Safety Managemem*

Systems (SMS) course nwdule 4 hazards. Retrieved July 24, 2009, from International Civil Aviation Organisation: http://www.icao.int/anb/safetymanagement/training/training.html.

15.International Civil Aviation Organization (ICAO). (2009). ICAO safety management SARPs. In *Safety Management Manual* (Doc. 9859) (2nd ed.). Montreal: International Civil Aviation Organization (ICAO).

16.Johnson, R. A. (2003). *Whistle blowing when it works - and why.* Colorado: Lynne Rienner Publishers, Inc.

17.Kaplan, S., & Garrick, B. J. (1981). On the quantitative definition of risk. *Risk Analysis, 1*(1), 11-27.

18.Lauer, T. (2010). *Change management- Grundlagen und Erfolgsfaktoren.* Berlin: Springer.

19.McFadden, K. L., & Hosmane, B. S. (200 I). Operations safety: an assessment of a commercial aviation safety program. *Journal of Operations Management,* 19(5), 579-591.

20.Miceli, M.P., & Near, J.P. (I992). *Blowing the whistle—The organizational & legal implications for companies and employees.* New York: Lexington Books.

21.Müller, R., Lipp, L., & Plüss, A. (2007). *Der Verwaltungsrat.* Zürich: Schulthess Verlag.

22.Nicks, D. (2010, September 23). *This Land Press.* Abgerufen am May 2011 von Private Manning and the making of Wikileaks: http://thislandpress.com/09/23/20l0/private-manning-and-the-making-of-wikileaks-2/.

23.Odermatt, P. (2005). *Rechtssoziologische Aspekte des Whistleblowings.* St. Gallen: Universität St. Gallen.

24.Olsen, M., & Boxenbaum, E. (2009). Bottom-of-the-pyramid: Organizational barriers to implementation. *California Management Review. 51*(4), 100-125.

25.Pittroff, E. (2011). *Whistle-blowing-Systeme in deutschen Unteinehmen.* Leipzig: Gabler Verlag.

Safety Regulation Group Civil Aviation Authority (CAA). (2008, October 10): *Safety management systems - Gaidance to organisations.*

26.Skybrary. (20l3a). *Risk management.* Von Skybrary: http://www.skybrary.aero/index.php/Risk_ Managementabgerufen

27.Skybrary. (2013b). *Risk mitigation.* Abgerufen am 1. September 2013 von http://www.skybrary.aero/index.php/Risk_Mitigation.

28.Stolzer, A. J., Halford, C. D., & Goglia, J. J. (2008). *Safety management systems in aviation.*

Aldershot: Ashgate Publishing Ltd.

29.Suddle, & Waarts (2003). *The risk of safety: An integration of psychological and mathematical approaches.* Delft, The Netherlands: Delft University of Technology & Corsmit Consulting Engineers.

图书在版编目（CIP）数据

航空风险与安全管理方法与应用/罗兰·穆勒，安德烈亚斯·威特默，克里斯托弗·德拉克斯著；倪海云等译. —北京：中国工人出版社，2018.4

书名原文：Aviation Risk and Safety Management Methods and Applications in Aviation Organizations

ISBN 978-7-5008-6938-2

Ⅰ.①航… Ⅱ.①罗… ②安… ③克… ④倪… Ⅲ.①航空工业—工业企业管理—风险管理—研究 ②航空工业—工业企业管理—安全管理—研究 Ⅳ.①F407.56

中国版本图书馆CIP数据核字（2018）第078816号

著作权合同登记号：京权图字01-2018-1662

航空风险与安全管理方法与应用

出 版 人	芮宗金
责任编辑	安　静
责任校对	赵贵芬
责任印制	栾征宇
出版发行	中国工人出版社
地　　址	北京市东城区鼓楼外大街45号　邮编：100120
网　　址	http://www.wp-china.com
电　　话	（010）62005043（总编室）　（010）62005039（出版物流部） （010）62382916（职工教育分社）
发行热线	（010）62005996　（010）82075964（传真）
经　　销	各地书店
印　　刷	北京市密东印刷有限公司
开　　本	710毫米×1000毫米　1/16
印　　张	14
字　　数	251千字
版　　次	2018年5月第1版　2018年5月第1次印刷
定　　价	42.00元